I0001148

Wilhelm von Presstin

Geschichte und Stammtafeln der Glieder des Geschlechts von Pressentin

Wilhelm von Presstin

Geschichte und Stammtafeln der Glieder des Geschlechts von Pressentin

ISBN/EAN: 9783742868206

Hergestellt in Europa, USA, Kanada, Australien, Japan

Cover: Foto ©berggeist007 / pixelio.de

Manufactured and distributed by brebook publishing software
(www.brebook.com)

Wilhelm von Presstin

Geschichte und Stammtafeln der Glieder des Geschlechts von Pressentin

Geschichte und Stammtafeln

der

Glieder des Geschlechts

von Pressentin (Prestin).

Nach

den Sammlungen des

Oberlanddrosten Karl von Pressentin zu Dargun

bearbeitet

von

Wilhelm von Pressentin

Leutnant im Infanterie-Regiment Graf Bose
(1. Thüringisches) Nr. 31.

>>>*<:<:

Schwerin 1899.
Druck der Bärensprungschen Hofbuchdruckerei.

Vorwort.

In gegenwärtiger Zeit erscheint es noch ausführbar, die Herkunft der einzelnen Familienmitglieder festzustellen, doch liegt die Zeit nicht mehr fern, wo dies, der weiten Ausdehnung unserer Familie wegen, nicht mehr durchgeführt werden kann. Da es nun bis jetzt keine zusammenhängende Geschichte unserer Familie bis zur Neuzeit gab, so bin ich bemüht gewesen, aus dem vorhandenen, mir gütigst zur Verfügung gestellten Material eine solche zusammenzustellen und habe mich von dem Gedanken leiten lassen, nur Nachricht zu geben von allen einzelnen Mitgliedern, ohne Rücksicht auf das, was für die Allgemeinheit von Wichtigkeit sein kann. Ich habe mich dieser Arbeit, zu deren gründlicheren Bearbeitung mir die erforderlichen Kenntnisse fehlen, unterzogen, indem ich annahm, den Trägern des Namens Pressentin etwas Angenehmes zu bringen, und hege die Hoffnung, dass ein sachverständigerer Bearbeiter sie dereinst benutzen wird zur würdigeren Darstellung unserer Familie.

Wenn mir bei dieser Arbeit einige Fehler oder Unrichtigkeiten untergelaufen sein sollten, so bitte ich den gütigen Leser, dies freundlichst entschuldigen zu wollen und würde ihm sehr dankbar sein, wenn er mich im Interesse des Ganzen auf solche Unrichtigkeiten aufmerksam machen würde.

1*

Die Arbeit ist in zwei Abschnitte geteilt. Der erste behandelt die alte und mittlere Zeit bis zu dem Punkte, wo das Geschlecht nur noch auf zwei Augen stand, bis zum Tode Bernds (37), † 1709, des Stammvaters aller jetzt lebenden Familienmitglieder. Abschnitt 2 bringt die Geschichte der einzelnen Personen nach den verschiedenen Häusern getrennt bis zur Jetztzeit. In den Tabellen bedeuten die römischen Zahlen am Rande die Geschlechtsfolge oder Generation. Die arabischen Ziffern sind die der gedruckten von Gamm'schen Stammtafeln [Geheimrat C. O. v. Gamm, † 1797] und in Klammern ist die Nummer, welche die einzelnen Mitglieder bei ihrem Hause einnehmen, hinzugefügt. Ein dem Namen vorgesetzter Buchstabe bedeutet eine Einschaltung. Den Schluss dieses Werkes bildet eine Uebersichtstabelle zur besseren Veranschaulichung der Verwandtschaft aller von Pressentin, sowie ein alphabetisches Verzeichnis der mit dem Geschlecht durch Heirat in Verwandtschaft getretenen Familien.

Am Schluss dieses Vorworts will ich nicht verfehlen, dem hochverehrten Vetter, derzeitigem Senior des Geschlechts, Herrn Oberlanddrost Karl von Pressentin meinen aufrichtigsten Dank auszusprechen für seine Mühewaltung und das grosse Interesse, welches er dieser Arbeit entgegengebracht hat.

Greifenberg i. Pom., im Juni 1899.

Wilhelm von Pressentin.

I. Abschnitt.

Geschichte und Stammtafel der älteren Generationen der Familie von Pressentin.

Zu den ältesten Geschlechtern Mecklenburgs gehören die von Pressentin, da dieselben seit über 6 Jahrhunderten urkundlich in Mecklenburg vorkommen. Ob das Geschlecht eingeboren, also wendischer Abstammung ist, oder zu den bei der Kolonisation Mecklenburgs im 12. Jahrhundert eingewanderten deutschen Geschlechtern gehört, ist urkundlich mit Sicherheit nicht festzustellen. Doch spricht grosse Wahrscheinlichkeit für einheimische wendische Abkunft.

Der sicher wendische Name des Geschlechtes und des Stammgutes ist derselbe; die eingewanderten Deutschen waren aber natürlich und nachweislich nicht geneigt, statt ihres mitgebrachten Namens den ihres erworbenen wendischen Gutes anzunehmen.

Das Geschlechtswappen — eine Greifenklaue mit Flügel[1]) — scheint ein wendisch redendes zu sein, wie es auch die anerkannt wendischen von Rieben (einen Fisch) führen.[2]) Aus allen Nachrichten geht

---

[1]) Vielleicht entnommen aus dem Wappen der Wendischen Landesherren?

[2]) Auch die ausgestorbenen einheimischen Barnekows sollen ein wendisch redendes Wappen (einen Widder) geführt haben. M. Jahrb. VI. 52.

nichts hervor, was für eine deutsche Abkunft spräche. Christlich deutsche Vornamen und das von (de) vor Pressentin (1275 ff.) können dazu mit Grund nicht herangezogen werden. Nach der örtlichen Beschaffenheit, alten Aufzeichnungen und Geschlechts-Ueberlieferungen ist zu schliessen, dass auf der Stelle des jetzigen Wohnhauses und Hofes zu Prestin, wo die mittelalterliche Burg (castrum) lag, sich eine wendische Burganlage befunden hat. Vor derselben (um den Hügel des jetzigen Kirchhofes) wird das Vorwerk der Burg, die Wiek, sich befunden haben, Bauergehöfte um ein heidnisches Heiligtum. Die Kirche und Pfarre sollen von einem, selbstverständlich getauften Herrn von Prestin (um 1170[1]) für seine beiden Güter Prestin und Runow (letzteres bis 1353 in Pressentinschem Besitz) gegründet sein. Man erbaute die Kirche in beliebter Art auf der Stelle des wendischen Heiligtums; für die Pfarre fehlte es in der gewöhnlichen Nähe der Kirche an Platz, und sie wurde etwas ferner abseits errichtet. Die Küsterei (ohne Garten) ward an den Kirchhof angeklemmt. Die Kirche scheint dem Apostelfürsten[2]) geweiht zu sein, wenigstens befand sich vormals in einem Fenster das Gemälde des heiligen Petrus mit dem Schlüssel; auch der erste Pressentin, welcher angeblich 1270, 1290 lebte, soll Petrus geheissen haben.

Zu der hervorragenden und angesehensten Mannschaft des Landes haben die Pressentin (wie auch die Gamm, Pritzbuer und Rieben) nicht gehört, es kommen selbst nur sehr wenige mit der Ritterwürde vor. Sie haben wie die Wenden in den Städten meist etwas abseits gestanden.

Nach den noch jetzt vorhandenen Urkunden, in denen das Geschlecht erwähnt wird, findet sich als erster:

---

[1]) Ein 1186 gestorbener Helmold Plessen soll nach Latomus unter sieben Kirchen als fünfte die zu Wamckow gegründet haben, diese muss aber nach der Abgrenzung des Kirchspiels notwendig später als die zu Prestin errichtet sein.

[2]) Auch die älteste Klosterkirche in dem 6 Meilen entfernten Mecklenburg war eine Peterskirche.

A. Hence de Priscentin

wird von Nicolaus II. und dessen Söhnen Heinrich
und Johann, Herren zu Werle, als Zeuge mit aufgeführt, als diese dem Klosterkonvente zu Dobbertin
die Dörfer Dobbin[1]) und Devesdorf[2]) verkauften.
Diese Urkunde (Nr. X) datiert vom 28. Juni 1275
und wird wohl in Güstrow abgefasst sein. Hence
wird darin „famulus" (Knappe) genannt.

1. Petrus von Pressentin oder Prestin

auf Prestin wird 1270 (Nr. IX) genannt. In einer
von Pentz-Hoinckhusen'schen Sammlung heisst es:
„Petrus von Pressentin, welcher im Jahre 1270 das
im Herzogl. Meckl. ritterschaftl. Amte Sternberg belegene Gut Prestin besass, ist der erste dieses Geschlechtes, von dem ich genealogisch-historisch zu
schreiben anfangen kann." Hiernach scheint der Ver-
fasser eine Urkunde von 1270 gekannt zu haben, die
nach dem Mecklenburgischen Urkundenbuch nicht mehr
vorhanden ist. In einer anderen Handschrift ist das
Jahr 1290 angezogen. Auch von 1290 ist keine Urkunde bekannt; 1300 kommt allerdings ein Hinricus
(nicht Henning-Johannes) de Priscentin vor. von
Gamm nennt als Söhne dieses Petrus

    1. Petrus (2).
    2. Henning (3).

2. Petrus,

ein Sohn von Petrus (1), wird von von Gamm mit der
Jahreszahl 1290 und als auf Prestin gesessen aufgeführt, ebenso wie in der von Hoinckhusen-Pentz'schen
Sammlung. Er wird nach 1328 gestorben sein. Als
seine Söhne werden angegeben:

    1. Nicolaus (4).
    2. Heinrich (5).

4. Nicolaus,

Knappe, nach von Gamm ein Sohn des Petrus (2),
doch spricht die vom 5. Mai 1348 datierte Urkunde
(Nr. I, XIX) dagegen. Dort heisst es: „Nicolaus et

---

[1]) Im Kirchspiel Dobbertin.
[2]) Untergegangen.

Hinricus, filius Petri, patrui." Wären Nicolaus und Heinrich Brüder gewesen, so würde man statt patrui filii geschrieben haben. — Nicolaus und sein noch nicht 18 Jahre alter Vetter [d. i. Vaterbrudersohn] Heinrich werden Besitzungen in Herzfeld, D.-A. Neustadt, südöstlich von Parchim, 3½ Meilen von Eldena, 4 Meilen südlich von Prestin, welche sie von ihrer Mutter [d. i. Nicolaus Mutter, Heinrichs Grossmutter (?)], die wohl noch lebte (sonst wäre vor Mutter gesetzt: selig oder dergl.), erhalten haben und überliessen diese nun 1348 (Nr. I, XIX) dem Nonnenkloster zu Eldena in Mecklenburg.

5. Heinrich,

nach von Gamm der ca. 1328 geborene zweite Sohn des Petrus (2), ist der ebengenannte Hinricus 1348 (Nr. I, XIX), der in dem genannten Jahre noch als minderjährig bezeichnet wird. Vergl. Heinrich 7b.

B. Nickel van Pressentin

war am 5. Juni 1281 (Nr. XI) zu Ribnitz Zeuge des Fürsten Woldemar von Rostock, als dieser die Stadt Kalen nach dem Dorfe Bugelmast[1]) verlegte und so die Stadt Neukalen gründete. Ein Zusammenhang zwischen ihm und anderen Familienmitgliedern ist nicht aufzufinden.

C. Heinrich

bezeugte am 21. November 1300 (Nr. XII) die Bestätigung der Stiftung einer Vicarei zu Neustadt, die Florentin von Walsmühlen mit 5 Hufen zu Blievenstorf[2]) ausgestattet hatte. Die Bestätigung vollzog Graf Guncelin V. von Schwerin. Hinricus de Priscentin, wie ihn die Urkunde nennt, wird daselbst als miles = Ritter aufgeführt. Vielleicht war er ein Bruder des Petrus (2).

---

[1]) Bogelmost? = Götzenbrücke.
[2]) Kirchdorf nahe bei Herzfeld

D. Ulrich,

der Sohn der Besitzerin einer Zollstelle mit Gastbude, wurde 1309 zu Rostock (Nr. XIII) mit mehreren Genossen, darunter auch ein Dethard von Bülow, wegen Totschlags Rostocker Bürger vor der Stadt verfestet.

E. Johann

wird in einer Urkunde d. d. Sternberg, 2. März 1309 (Nr. XIV) genannt, in der Heinrich II., der Löwe, Fürst von Mecklenburg, bezeugt, dass sein Knappe „Johannes Priscentin" und die Bengersdorf die drei Hufen, die sie in dem Dörfe Peetsch [1]) hatten, dem Kloster Cismar aufgelassen haben, und der Abt von Cismar zur Aufhebung alles Streites denselben zu Recht bestehen wolle.

F. Engelke

hielt 1336 (Nr. XVII) den Abt Konrad von Doberan einige Tage auf seiner Burg gefangen. Diese Burg ist jedenfalls Prestin gewesen, doch besass Engelke auch Runow. Der Abt Konrad war von einem wendischen Mönche (Laienbruder) namens Johann Cruse am 8. Juli 1336 bei Bollhagen (unweit vom Kloster) gefangen genommen und nach Prestin gebracht worden, doch gelang es ihm durch Bestechung der Wächter aus der Burg in sein Kloster zu entfliehen. Am 1. April 1353 (Nr. XXI) verlieh der Herzog Johann von Mecklenburg den Gebrüdern von Runow das Dorf Runow,[2]) wie es Engelke von Pressentin besessen hatte.

G. Gerhard,

in den Stammtafeln nicht unterzubringen, trat zu Schwerin am 22. Januar 1338 (Nr. XVIII) als Zeuge des Nicolaus II., Grafen von Schwerin, auf, als dieser der Domkirche zu Schwerin das Eigentum von

[1]) Untergegangen im Sternberger Stadtfelde.
[2]) Im Kirchspiel Prestin.

10 Hufen in Peccatel,[1]) mit denen der weiland Ritter Friedrich Hasenkop eine Vicarei im Dome gestiftet hatte, schenkte.

3. Henning,

den zweiten Sohn des Petrus (1), nennt von Gamm mit der Jahreszahl 1300. Auch er soll auf Prestin gesessen haben und seine Söhne sollen gewesen sein:
1. Henning (6).
2. Petrus (7).

6. **Henning** (Johannes), der älteste Sohn von Henning (3), auf Weitendorf gesessen, zeugte 1348 (Nr. I, XIX) bei der Ueberlassung der Besitzungen in Herzfeld an das Kloster zu Eldena. Ihm verlieh am 12. Juni 1354 (Nr. XXII) der Herzog Johann von Mecklenburg 2 Hufen in dem Dorfe Zülow bei Sternberg. Dann war er am 7. November 1369 (Nr. XXIII) Zeuge bei der Kaufzahlung für einen Anteil von Holzendorf, nachdem er sich zu Sternberg am 12. März 1364 (Nr. XC) mit Peter (7) wegen längerer Irrungen über ihre Grenzen zu Prestin verglichen hatte. Henning verkaufte am 14. Februar 1382 (Nr. XCII) einen Hopfenhof zu Prestin an zwei Bauern zu Bülow, muss also auch Besitz in Prestin gehabt haben. Als Mitgelober der Ueberlassung von Hebungen aus Witzin (s. Reimar 9) finden wir ihn am 30. September 1386 (Nr. XXIV) und endlich am 6. Dezember 1387 (Nr. XXV), als Claus Parum allen Ansprüchen an das Gut Blankenberg zu Gunsten des Antonius-Hauses zu Tempzin entsagte. — Henning hatte 4 Söhne:
1. Claus (7ª).
2. Heinrich (7ᵇ).
3. Hans (7ᶜ).
4. Hermann (8).

7ª. Claus

auf Prestin, den von Gamm in seiner Stammtafel nicht aufführt, wahrscheinlich ein Bruder von Heinrich (7ᵇ), war 1408 (Nr. III) Zeuge bei dem Verkauf der den Brüdern Peter (11) und Reimar (12) Pressen-

---

[1]) Kirchdorf bei Crivitz.

tin gehörenden beiden Höfe im Dorfe Witzin an das
Kloster Tempzin. Er untersiegelte diese Urkunde
mit dem Siegel des Henning Pressentin. Nun ist
dies zwar nicht dasselbe, dessen sich Henning 1348
bediente, doch liegt wohl die Vermutung nahe, dass
sich Henning, dem Laufe und der Mode der Zeit
folgend, eines runden Siegels in späteren Lebens-
jahren bedient hat. Claus scheint ein Sohn von
Henning (6) gewesen zu sein und wird wohl das
Siegel seines Vaters benutzt haben.

Als Peter und Reimar Pressentin im Jahre 1409
(Nr. IV) alles, was sie in Witzin besassen, dem Kloster
Tempzin verkauften, war Claus wiederum Zeuge.
Bei Besiegelung dieser Urkunde bedienen sich Claus
und Heinrich auf Weitendorf (ebenfalls Zeuge) desselben Siegels, woraus man wohl entnehmen kann,
dass sie Brüder gewesen sind und zwar Claus der
ältere.

7 b. Heinrich,

ein Bruder von Hermann (8), also ein Sohn von
Henning (6), ist derjenige, der den Herzögen Albrecht,
König von Schweden, und Johann von Mecklenburg
d. d. Schwerin, 21. Februar 1402 (Nr. II), Urfehde
schwor. Er wird der ältere der Brüder gewesen
sein, da er in der Urkunde als der Erste genannt
wird. Bereits am 31. Juli 1389 (Nr. XXVI) schwor
unter anderen Heinrich Pressentin dem Rate der
Stadt Lübeck Urfehde, und Zeuge war ebenfalls ein
Heinrich Pressentin. Wer aber derjenige gewesen,
der Urfehde schwor, und wer der Zeuge war, wird
schwer festzustellen sein, da beide auch mit demselben
Siegel siegeln. Wahrscheinlich wird einer derselben
Heinrich (7 b), Bruder von Hermann (8), gewesen sein,
der andere aber wohl Heinrich (5), Sohn von Petrus
(2), der 1348 als minderjährig bezeichnet wird, aber
wohl nahe an der Volljährigkeit gewesen sein muss,
da er, Knappe genannt, ein eigenes Siegel führte.
Er wird also 1389 wenig mehr als 60—65 Jahre ge-
zählt haben. Am 8. September 1405 (Nr. XXXVII)
war Heinrich Pressentin, Bürgermeister zu Schwerin,
Zeuge bei der Stiftung einer Vicarei durch Henneke
von Bülow. Auch bei dem Verkaufe von Witzin

durch Peter (11) und Reimar (12) an das Kloster
Tempzin am 9. Januar 1409 (Nr. IV) war Heinrich
zugegen, wo er sich des Siegels von Henning bedient,
also wohl seines Vaters, ebenso wie sein mutmasslicher
Bruder Claus. Er wohnte damals in Weitendorf.

7ᶜ. Hans,

ein Bruder von Heinrich (7ᵇ) und Hermann (8), wohl
älter als der letztere, war 1402 (Nr. II) Mitgelober,
als sein Bruder Heinrich den Herzögen Albrecht,
König von Schweden, und Johann von Mecklenburg
Urfehde schwor.

8. Hermann

auf Weitendorf und Kaarz, nach von Gamm der Sohn
von Henning (6), war 1402 (Nr. II) ebenfalls Mitgelober, als sein Bruder, der Knappe Heinrich, wie
oben erwähnt, Urfehde schwor. Am 14. August 1419
(Nr. XCIV) bürgte er für Henneke Parsow zu Kritzow
wegen einer Geldschuld gegen Bertram von Gandersem und verkaufte 1424 (Nr. XLII) der Kirche zu
Sternberg einige Pächte, zu erheben aus dem Dorfe
Kaarz, wo er also Besitz gehabt haben muss. Endlich
finden wir von ihm am 16. Oktober 1427 (Nr. XLIII)
zu Schönberg eine Bestätigung, dass der Bischof
Johann von Ratzeburg ihm und seiner Hausfrau das
Vieh wieder verschafft habe, welches ihm von des
Bischofs Leuten genommen war. Nach dieser Ur-
kunde ist er von Plessen'scher Pfandträger gewesen.
Hermann war also verheiratet, doch ist weder der
Name seiner Gemahlin bekannt, noch ob aus dieser
Ehe Kinder entsprossen sind. Ebenso ist uns un-
bekannt geblieben, ob seine Brüder Nachkommen-
schaft hinterlassen haben.

7. Petrus

auf Prestin, nach von Gamm der zweite Sohn
Hennings (3), untersiegelte als Zeuge die Urkunde
vom 5. Mai 1348 (Nr. I, XIX). Er legte am 12. März
1364 (Nr. XC) längere Irrungen über die Grenzen zu
Prestin mit Henning (6) auf Weitendorf in Güte bei

und wird daher wohl auf Prestin ebenso wie vielleicht auch Henning gesessen haben. Nach dieser Urkunde scheinen Henning und Peter wohl kaum Brüder gewesen zu sein, da ihre Namen ohne jede verwandtschaftliche Bezeichnung aufgeführt werden. Sind es jedoch Brüder, so ist jedenfalls Peter der ältere, da ihn die Urkunde zuerst nennt. — Peter hatte vier Söhne:

1. Reimar (9).
2. Helmold (9ᵃ).
3. Claus (9ᵇ).
4. Henning (10).

9. Reimar,

nach von Gamm Sohn von Petrus (7), Knappe zu Witzin und Prestin, überliess am 30. September 1386 (Nr. XXIV) dem Vicar Heinrich Schröder zu Sternberg Hebungen aus seinem Gute und Dorfe zu Witzin bei Sternberg. Er nahm von dem Vicar 80 Mark lübisch auf und versprach den Hauptstuhl mit 8 Mark lübisch, also 10 vom Hundert, zu verzinsen. In dieser Urkunde treten als Zeugen seine Brüder Helmold und Claus und sein Vetter[1]) Henning auf Weitendorf auf. Diese Urkunde scheint von Gamm nicht gekannt zu haben, da er weder Helmold noch Claus nennt. Der Name Reimars kommt auch in Wismar 1392 (Nr. XXVII) vor, wo ein Knappe Reimars, Dreves Manderow, nebst Anderen wegen eines Kriegszuges nach Bukow verfestet wird. Ob Reimar vermählt war, ist unbekannt.

9ᵃ. Helmold

wird nur einmal am 30. September 1386 (Nr. XXIV) genannt, als Reimar (9) dem Vicar von Sternberg Heinrich Schröder Hebungen aus Witzin überliess. Nach dieser Urkunde war er ein Bruder von Reimar (9) und Claus (9ᵇ). Helmold wird nicht lange gelebt haben, da in den Urkunden, in denen seine Brüder auftreten, sein Name fehlt.

---

[1]) „Vetter" scheint ebenso wie „patruus" verschiedene Bedeutung zu haben, hier ist es jedenfalls mit „Vaterbruder" wiederzugeben. Es wird also mit Henning auf Weitendorf Henning (6) gemeint sein, der 1386 wenig mehr als 65 Jahre alt gewesen sein kann.

9 ᵇ. **Claus**

ist der eben genannte (1386, Nr. XXIV), also ein Bruder von Reimar (9) und Helmold (9ᵃ). Er wird auch derselbe sein, der 1392 (Nr. XXVII), Claus Pressentin zu Gloweke (im Lande Goldberg, untergegangen in Mestlin) genannt, zu Wismar wegen eines Kriegszuges nach Bukow verfestet wurde. Claus vermittelte 1397 (Nr. XXIX) den Verkauf des seinem Bruder Henning gehörenden Gutes Kobrow an Claus von Barner und zeugte 1398 (Nr. XXX) als zu Poverstorf für den Verkauf des Gutes Klein-Poverstorf (Jülchendorf), das den Gebrüdern Barnekow gehörte, an das Kloster Tempzin. Ferner führt ihn eine Tempziner Urkunde 1398 (Nr. XXXII) mit seinem Bruder Henning zusammen auf. Dann nennen noch zwei Tempziner Urkunden aus dem Jahre 1400 (Nr. XXXIV) und 1416 (Nr. XL) den Namen Claus Pressentin. Wer dieser Claus jedoch gewesen, ob 7ᵃ oder 9ᵇ, ist schwer zu entscheiden.

10. **Henning.**

nach von Gamm der zweite Sohn des Petrus (7), auf Weitendorf, Prestin, Witzin und Kobrow gesessen, verkaufte 1397 (Nr. XXIX) sein Gut zu Kobrow an Claus von Barner. Zu jener Zeit wohnte er bereits in Sternberg, wo er ein Burglehn, den sog. Rittersitz, besass. Ein Jahr später, 1398 (Nr. XXXI), war Henning zu Sternberg Zeuge, dass die Herzöge Johann und Ulrich von Mecklenburg der Kirche zu Brüel alles das gegeben hätten, was sie an dem Hofe Pastin bei Sternberg, genannt die Helle, und an zwei Hufen daselbst besassen. 1398 (Nr. XXXII) werden in einer Tempziner Urkunde Henning und Claus Gebrüder Pressentin als die Besitzer von Poverstorf (jetzt Schönlage) aufgeführt. 1438 (Nr. XLV) war ein Henning Prestin zu Stampe, der in diesem Jahre an seinem Gute bedeutenden Schaden durch die Brandenburger erlitten hatte. Ob jedoch dieser Henning (10) oder Henning (13) ist, bleibt fraglich. Stampe lag am Stamper See im Kirchspiel Wamckow, war jedoch schon 1554 wüst und ist in Prestin und Stieten aufgegangen. Henning besass

auch Witzin, das seine Söhne 1408 und 1409 verkauften. Als Gemahlin Hennings führt von Gamm
Eva Edle Frau von Putlitz an. Seine Söhne waren:
1. Petrus (11).
2. Reimar (12).

H. Hermann,

in den Stammtafeln nicht unterzubringen, war acht
Jahre lang, von 1394—1402 (Nr. XXVIII), Propst
des Nonnenklosters Harvestehude und Vicar der Kirche
St. Petri zu Hamburg. Er stellte als solcher den
Antrag, dass die Proconsuln und Consuln von Kiel
excommuniciert würden, was auch durch den Propst
der Bremer Kirche und Conservator des Nonnenklosters Harvestehude geschah, doch wurde mit
Hermanns Einverständnis dieses ·Urteil bald wieder
aufgehoben. Sonst wird Hermann nicht genannt.

I. Hartig

war im Jahre 1400 (Nr. XXXVI) Bürgermeister von
Sternberg. Gamm kennt ihn nicht. Wer derselbe
war, ist unbekannt, doch gehört er sicher der
Familie an (vergl. Wigger, Familie von Blücher
(1870), I, 322).

11. Petrus,

auf Prestin und Witzin, der älteste Sohn von Henning (10), verkaufte 1408 (Nr. III) mit seinem Bruder
Reimar (12) zwei Höfe im Dorfe Witzin, auf welchen
die Burgen standen, mit 8 Hufen und 1409 (Nr. IV)
alles, was sie in diesem Dorfe besassen, dem Kloster
Tempzin. Peter zeugte 1410 (Nr. V), als Vicke Gan-
tzow demselben Kloster sein Erbe im Dorfe Witzin
verkaufte, und wird auch 1411 aufgeführt. In dieser
Urkunde von 1411 (Nr. VI) schloss Henneke von
Bülow auf Kritzow mit der Stadt Lübeck eine Sühne
wegen aller Fehde und Gewaltthätigkeit. Eine
Tempziner Urkunde von 1410 (Nr. XXXIX) nennt

ebenfalls seinen Namen. Auch ist er jedenfalls mit jenem Peter identisch, der 1397 (Nr. XXIX) beim Verkauf von Kobrow als Zeuge auftritt. — Peters Söhne waren:

1. Claus (12ª).
2. Henning (13).

12ª. Claus,

der ältere Bruder von Henning (13), auf Weitendorf gesessen, vermittelte am 18. Oktober 1481 (Nr. LXIV) zu Sternberg den Verkauf des halben Hofes und Dorfes zu Schimm durch Martin Barner an dessen Vettern Hans, Otto und Claus, Gebrüder Barner. Sonst wird er nicht genannt.

13. Henning,

auf Dobbin an der Nebel, unfern des Krakower Sees, ein Sohn von Peter (11) und jüngerer Bruder von Claus (12ª), war ebenfalls 1481 (Nr. LXIV) Vermittler des bei Claus (12ª) genannten Verkaufes. Er bat 1483 [?] (Nr. XCVII) den Herzog Magnus II. von Mecklenburg um Schutz gegen Rolof Barold, der seinen Knecht (Knappen?) aus der ihm verpfändeten Waldung vertrieben hatte. Nach dieser Urkunde scheint seine Gattin eine von Barold gewesen zu sein. Latomus führt Henning mit der Jahreszahl 1445, von Gamm mit der Zahl 1460 auf. Letzterer giebt noch an, dass er auf Weitendorf gesessen habe.

Eines nicht in den Stammtafeln unterzubringenden Hennings Witwe testierte 1476 (Nr. LXI) den Vicarien zu Sternberg zu Marienzeiten 50 m℔ lübisch in Weitendorf und 20 m℔ lübisch auf das Chor und 20 m℔ zu einem ewigen Lichte und 5 m℔ den Armen des heiligen Geistes. Wilhelm (P. 3) von Pressentins Handschrift bemerkt hierzu: „Der Leuchter von dieser Stiftung ist vor einiger Zeit noch vorhanden gewesen, das Licht aber mit dem Papsttum erloschen."

12. Reimar,

jüngerer Sohn von Henning (10), wird mit seinem Bruder Peter 1408 und 1409 genannt (s. Peter). Ausserdem erwähnt ihn eine Tempziner Urkunde vom

Jahre 1420 (Nr. XLI). Auch er wohnte zu Prestin und war 1419 (Nr. XCIV) Bürge bei Bekennung einer Geldschuld des Henneke Parsow auf Kritzow an Bertram von Gandersem. Reimar hatte zwei Söhne:
1. Claus (14).
2. Hartwig (15).

14. Claus,

auf Prestin und pfandgesessen auf Wamekow, Reimars (12) ältester Sohn, bezeugte am 9. Mai 1434 (Nr. XLIV) eine Schenkungsakte des Dankwart Gustävel zu Mestlin. Auch wird er am 18. Oktober 1445 (Nr. XLVI), als Henning Karchow 1 Mark Pacht aus seinem Hofe zu Mestlin an den Vicar Hermann Riemschneider zu Parchim verkaufte, unter den Zeugen aufgeführt. Im Jahre 1446 (Nr. XLVII) war er wiederum Zeuge bei der Verpfändung von 5 dem Henneke und Gottward von Plessen gehörenden Eigentumshufen in Runow an den Bürgermeister Heinrich von Sehe. 1451 (Nr. XLVIII) bekannte Claus, dass er den Vorstehern zu St. Georgen in Sternberg zwei lübische Mark Pacht aus dem Felde zu Stampen verkauft habe, und 1452 (Nr. XLIX) zeugte er bei Entscheidung eines Streites zwischen dem Bischof Claus von Schwerin und Heinrich von Bülow auf Zibühl. Als dann 1454 (Nr. L) Bernd Dessin und seine Ehefrau Armgard Gustävel dem Kloster Dobbertin einen Bauernhof mit 1½ Hufen zu Rüst und 2 Hufen zu Mestlin für 50 Mark lübisch verkauften, erhielten Claus und dessen Sohn Bernd (17) von dieser Summe 40 Mark. Claus verkaufte 1457 (Nr. LI) dem grossen Gotteshause zu Sternberg eine lübische Mark Pacht im Dorfe zu Prestin, und war endlich in Dobbertin am 19. März 1458 (Nr. LII) Zeuge des Verkaufs von allem Anfall und Gerechtigkeit an Mestlin, Rüst, Hohen-Eutzin und Niendorf durch Otto von Schwerin und dessen Ehefrau, Henneke Gustävels Tochter, an das Kloster Dobbertin.

Ueber Claus bemerkt von Behr, dass er in den Jahren 1446 und 1451 gelebt habe, von Gamm führt ihn mit der Jahreszahl 1452 und auf Wamekow an. Den Namen seiner Gemahlin, Armgard von Hoikendorf, deren Familie im 15. Jahrhundert in Mecklen-

burg ausstarb, haben beide übereinstimmend mit
Latomus. Nach den Urkunden hiess der Sohn des
Claus nicht, wie von Gamm angiebt, Cord (16),
sondern Bernd (17). Er kann aber auch zwei Söhne,
Cord und Bernd, gehabt haben.

17. Bernd,

auf Prestin, der Sohn von Claus (14), nicht, wie von
Gamm angiebt, der Sohn von Hartwig (15), trat 1458
(Nr. LII), zu Prestin wohnhaft, als Zeuge in Dobbertin
auf — vergl. Claus (14) — und zeugte ferner am 30. März
1474 (Nr. LVIII), als Henning Koss einen Hof zu
Schönberg an den Ritter Jürgen Grabow verkaufte.
Bernd war 1486 (Nr. LXV) verheiratet, doch findet
sich nur der Vorname seiner Gemahlin, der auf Diliane
angegeben wird; von Gamm giebt als deren Namen
Diliane von Kardorff an, deren Eltern Radeke von
Kardorff auf Wöpkendorf und Cecilie von Nossentin
gewesen sein werden. von Behr bemerkt über Bernd,
er habe die Union 1523 unterschrieben. Dies muss
ein Irrtum sein, denn da er 1454 (Nr. L) volljährig
war, müsste er 1523 mindestens 94 Jahre alt gewesen
sein. Der Unterzeichner der Union wird also wohl,
wie auch von Gamm annimmt, Bernd auf Stieten (22)
gewesen sein. Bernds Söhne waren:

1. Helmold (19).
2. Claus (20).

19. Helmold (Helmpt),

auf Prestin, Bernds (17) ältester Sohn, verkaufte am
23. Dezember 1510 (Nr. CIV) mit Zustimmung seines
Bruders Claus (20) seine Vierteile in Stampe und
Sparow an den Ritter Heinrich von Plessen auf Brüel.
Um 1515 (Nr. CV) klagte er gegen Reimar von Pressentin (18) auf Stieten wegen Verringerung losgekündigter
Güter und wurde von dem Herzoge zu seinem Rechtstage nach Bützow geladen. Er ist einer derjenigen,
die zu Rostock 1523 die sogenannte kleine Union unter-
zeichneten. Helmold starb um 1534 und fiel nach
seinem Ableben Prestin zu ⅔ nebst einem Wohnhofe an
Dinnies (21) und Bernd (22), von denen letzterer ein Jahr

nach Helmold starb. Nach einer vor 1700 angefertigten Stammtafel war Helmold mit Oeste Barold von Dinnieshausen vermühlt. Diese Familie ist ausgestorben.

20. Claus,

ein Sohn von Bernd (17), gab 1510 (Nr. CIV) seine Zustimmung, als sein Bruder Helmold sein Vierteil in Stampen und Sparow an den Ritter Heinrich von Plessen auf Brüel verkaufte.

Ein nicht in den Stammtafeln verzeichneter Claus war mit Margarete von Barnefür verheiratet. Diese war Hofjungfrau bei der Herzogin Katharina, der Gemahlin des Herzogs Albrecht von Mecklenburg, der am 6. November 1474 verheissen hatte, sie auszusteuern. Im Jahre 1496 (Nr. C) war Margarete bereits Witwe, denn zu dieser Zeit genehmigten die Herzöge Magnus und Balthasar die Abfindung der Margarete mit ihrem nächsten Agnaten Cord (16), da ihre Ehe mit Claus kinderlos geblieben war. Ihre Liegenschaften überliess sie dem Ritter Heinrich von Plessen auf Brüel. Margaretens Vater war Rolof von Barnefür, der am 14. Februar 1496 als der letzte seines Namens starb. Er war Besitzer von Gleve (Kleverhof).

K. Heinrich.

Etwa um das zweite Drittel des 15. Jahrhunderts trifft man mehrfach den Namen Heinrich von Pressentin, teilweise mit dem Titel Ratmann zu Sternberg, dann als Bürgermeister von Sternberg, an. So verkaufte ein Heinrich 1459 (Nr. LIII) den Kalandsherrn zu Sternberg eine Rente aus seinem Acker zu Sternberg. Dann verkaufte Heinrich, Ratmann zu Sternberg, 1474 (Nr. XCVI) 1 ₰ lübisch Rente aus seiner Bede in Runow, und in demselben Jahre (Nr. LIX) entäusserte er sich einer Pacht aus dem Dorfe Prestin. Ohne Angabe eines Titels war ein Heinrich Pressentin am 19. Februar 1481 (Nr. LXIII) zu Sternberg Zeuge, als Dankwart von Bülow eine Rente aus einer Hufe zu Gross-Raden dem Vicar der Kirche zu Sternberg überliess, und eben dieser Heinrich verpfändete an Kurt von Restorff auf Radepohl 1487 (Nr. XCVIII) eine Rente aus einer Wiese an der Warnow. Heinrich Pressentin, Bürgermeister zu Sternberg, überliess 1490 (Nr. XCIX) seiner Ehefrau Armgard geb. Hoikendorf für 240 Mark zur Leibzucht nach seinem Ableben seine Anteile an den Feldern von Stampen und Sparow und den Dörfern Runow und Pressentin, wie seine Eltern und Vorfahren sie besessen hatten. Am 14. Februar 1496 (Nr. C) fand sich der unmündige Sohn des verstorbenen Bürgermeisters Heinrich von Pressentin, Cord genannt, vertreten durch seinen Stiefvater Claus von Brüschaver und seine leibliche Mutter, also Armgard von Hoikendorf, mit der Witwe des Claus von Pressentin (20), Margarete von Barnefür, ab (s. Claus 20). Heinrich muss also vor 1495 gestorben sein. Auffallend ist, dass Latomus, von Behr und von Gamm als Gemahlin des Claus (14) Armgard von Hoikendorf nennen, während in der oben genannten Urkunde von 1490 (Nr. XCIX) Armgard die Gemahlin des Heinrich war. Heinrichs Sohn war Cord (16).

16. Cord,

Heinrichs Sohn, wird nur einmal genannt. Er fand sich 1496 (Nr. C), wie wir soeben gesehen haben, mit der Witwe des Claus von Pressentin (20), Margarete von Barnefür, als deren nächster Agnat ab. von Gamm teilt mit, dass er auf Wamekow gesessen habe.

15. Hartwig.

auf Prestin, Sohn von Reimar (12), war am 29. September 1462 (Nr. LIV) zu Dobbertin Mitgelober einer Schuldverschreibung des Henneke Glavecke zu Crivitz an das Kloster Dobbertin. Er heisst dort „Hartich Prestine tom Sternberge", wohnte also damals in Sternberg. Hartwig muss ein sehr wohlhabender Mann gewesen sein, da er im Jahre 1464 (Nr. LV) von dem Herzoge Heinrich dem Aelteren die Dörfer Kobande (jetzt Erbpachthof am Barniner See bei Crivitz), Vitthusen (schon 1512 wüst) und Vittene

(scheint sonst in den Urkunden nicht vorzukommen)
für 600 Mark lübische Pfennige und 100 rheinische
Gulden erstand. Um das Jahr 1465, Januar 6 (Nr.
XCV) war er bereits Bürgermeister von Sternberg und
entschied, als vom Herzog Heinrich von Mecklenburg
verordneter Richter, einen Rechtsstreit. Am 12. März
desselben Jahres wird er in Sternberg als Zeuge
genannt. Das Jahr 1466 (Nr. LVI) führt ihn als
Ackerbesitzer in Sternberg auf, wo er in demselben
Jahre (Nr. LVII) 8 m Pacht aus dem Dorfe Mustin
bei Sternberg[1]) verkaufte. Als Bürgermeister von
Sternberg mit den übrigen Ratsmitgliedern verglich
sich Hartwig am 16. Februar 1475 (Nr. LX) vor dem
Rate zu Wismar mit Hans Korneke wegen des zu
Tode gekommenen Bruders des Hans Korneke, und
war ein Jahr vorher, 1474 (Nr. XCVI), Mitzeuge, als
Heinrich Prestin (K.), Knappe und Ratmann zu Sternberg, 1 lübisch Rente aus seiner Bede in Runow
verkaufte.

Hartwig wird von von Gamm als auf Prestin und
Mustin gesessen genannt. Franck (A. u. N. Mecklenburg VIII, 123) fügt hinzu, Mustin sei ein altes
Restorfsches Gut gewesen, die Pressentin auf Prestin
hätten die Pächte darin gehabt. Latomus giebt noch
die Jahreszahlen 1445 und 1460 an. Als Gemahlin
Hartwigs nennt von Gamm Anna von Cramon aus
dem Hause Mustin. Hartwig hatte 2 Kinder:

1. Ursula, vermählte sich 1466 mit Johann
   von Hagen auf Sührkow (Kirchspiel Hohen-
   Mistorf) und hatte einen Sohn, Christoph von
   Hagen, mit dem dies Geschlecht ausstarb.
2. Reimar (18).

18. Reimar,

zu Stieten, ein Sohn Hartwigs (15), 1496 (Nr. LXVII)
Ackerbesitzer zu Sternberg (Rittersitz), wird 1500
(Nr. LXVIII) beim Aufgebot der Ritterschaft zur
Vermählung der Herzogin Sophie von Mecklenburg

---

[1]) Hartwigs Gemahlin war eine von Cramon, deren Familie
auf Mustin, Zülow, Borekow und zu Sternberg 1325 ff. sass.
Vielleicht war sie eine Erbtochter und er namens derselben
Nutzniesser von Mustin.

mit dem nachmaligen Kurfürsten Johann dem Standhaften von Sachsen erwähnt. Reimar wird den Zug aber nicht mitgemacht haben, denn sein Name fehlt in dem Musterzettel. Er ist 1506 (Nr. LXIX) in dem Register über die Gemeine von Adel und alle Mannen im Lübischen Kriege als zu Stieten aufgeführt.¹) Etwa 1507/8 (Nr. Cl) erteilte der Herzog dem N. N. von Grabow einen Befehl, den Reimar von Pressentin wegen einer Rente an dem gemeinsamen Pfandgute schadlos zu halten, und 1508 (Nr. CII) beauftragten Herzog Heinrich V. der Friedfertige und Erich (II.) von Mecklenburg den Rat und Stadtvogt zu Sternberg, mehreren Lehnsleuten, darunter (Reimar) Pressentin zu Stieten, einen (Reinigungs-) Eid wegen einer angeschuldigten Wegnahme, begangen an sechs Lehnsleuten, abzunehmen. Reimar bürgte am 13. Januar 1509 (Nr. LXXI) für Henneke von Plessen zu Barnekow gegen Gerd Platen. Ende 1509 (Nr. CIII) that Herzog Heinrich von Mecklenburg einen Ausspruch über Streitigkeiten zwischen Reimar Prestin nebst Sohn und dem Ritter Heinrich von Plessen. Ob Bernd oder Dinnies dieser Sohn war, steht nicht fest, doch ist anzunehmen, dass es Bernd gewesen ist. Auch um 1510 wird Reimar aufgeführt. In demselben Jahre bestand ein Prozess zwischen Heinrich von Plessen und Reimar wegen Irrungen zwischen Unterthanen beiderseits, und ferner schwebte ein Rechtsstreit zwischen Barthold Restorffs Witwe und ihm wegen Weitendorf und Kaarz, in welche Reimar Geld gewendet haben wollte. Um 1515 (Nr. CV) wurde Reimar von Helmold von Pressentin (19) wegen Verringerung losgekündigter Güter verklagt und von dem Herzoge zu seinem Rechtstage nach Bützow geladen. Mit seinem Sohne Dinnies (21) einerseits und seinem Sohne Bernd (22) andererseits schloss Reimar 1521 (Nr. LXXIV) einen Vertrag, der unter Dinnies erwähnt werden wird.

---

¹) Dies ist die älteste urkundliche Nachricht, dass Stieten im Besitze eines Pressentin gewesen. D. Franck (gestorben 1756) bemerkt noch, es sei das Dorf Stieten in zwei Höfe (nämlich Gross- und Klein-Stieten) abgeteilt, doch habe das Geschlecht von Pressentin beide an sich gebracht.

Reimar war seit etwa 1487 mit einer geborenen von Barner verheiratet. Er starb nach 1521. Im Jahre 1534 (Nr. LXXX) schenkten Herr Blasius Wilde, Pastor, und Maria Margarete von Pressentin der Kirche zu Prestin eine neue Kanzel. Es liegt nahe, zu behaupten, dass diese Maria Margarete die Gemahlin Reimars war, deren Vorname sonst nicht vorkommt. — Reimar hinterliess 4 Kinder:

1. **Anna**, vermählte sich vor 1516 mit Hans von Both auf Kalckhorst und Rankendorf, der vor 1566 mit Hinterlassung von 3 Söhnen, Peter, Balthasar und Hans, und einer Tochter, Agathe, starb. Agathe wurde 1579 die Gemahlin des Martin von Blücher auf Lehsen aus dem Hause Waschow.

2. **Bernd** (22).

3. **Dinnies** (21).

4. **Katharina** wurde von ihrem Vater 1509 mit 100 Mark in das Cistercienserinnenkloster zu Dobbertin eingekauft. Sie war Unterpriorin dieses Klosters zur Zeit der Reformation 1556—1562 (Nr. LXXXVIII), deren Einführung in das Kloster grosse Schwierigkeiten bereitete, so dass einige Nonnen, unter ihnen die Domina Elisabeth von Hobe und die Unterpriorin Katharina von Pressentin vertrieben wurden und sich unter den Schutz der streng katholischen, zu Lübz residirenden Herzogin-Mutter Anna begaben. Einige Nonnen kehrten später in das Kloster zurück und setzten dort ohne Rücksicht auf die Reformation das alte Klosterleben noch bis mindestens 1571 fort. Ein um 1572 angefertigtes Namensverzeichnis der Klosterjungfrauen erwähnt jedoch Katharina nicht mehr, sie wird inzwischen verstorben sein, und zwar wohl vor 1564, da in diesem Jahr bereits Ermegarth Stralendorp Unterpriorin war.

21. Dinnies,
1490—1573,

der jüngere Sohn von Reimar (18), soll 1490 (9. Oktober 1490?) geboren sein. Er diente dem Ritter

Henning von Plessen für einen Jungen und war dann Wehrhafter im Dienste des Nicolaus Quitzow. Am 15. Januar 1521 (Nr. LXXIV) schloss er mit seinem Vater einerseits und seinem Bruder Bernd (22) andererseits einen Vertrag, wonach Bernd berechtigt sein sollte, Weitendorf und das in Kaarz verpfändete wieder einzulösen (beide Güter waren an die von Plessen verpfändet), dagegen sollte jedoch Bernd auf seines Vaters und seiner Mutter Lebenszeit, von Umschlag 1523 an, jährlich 5 Gulden an Dinnies zahlen. Nach der Eltern Tode sollte dann Dinnies alles behalten, was diese zu Sternberg und an dortigen Aeckern (Rittersitz) hinterlassen würden, mit alleiniger Ausnahme des Ackers auf dem Wendfelde zunächst Weitendorf. (Dieser Acker wird also wohl früher zu Weitendorf gehört haben.) Nach dem Tode Helmolds (19), der um 1534, ohne männliche Erben zu hinterlassen, starb, waren dessen Besitzungen in Prestin zu ²/₃ nebst einem Wohnhofe an seine Lehnsvettern Bernd und Dinnies gefallen, und hatte sich Dinnies in den Besitz von Prestin gesetzt. Es traten nun später, besonders nach dem Tode Bernds († um 1535), vielfache Erbstreitigkeiten auf, die zwar 1551 (Nr. CVIII) zu einem Vergleiche zwischen Dinnies und seinem Brudersohn Reimar (28) führten, doch entstand bald wegen Erbstreitigkeiten ein längerer Prozess. So gab Dinnies am 11. Februar 1552 (Nr. LXXXV) zu Prestin vor Zeugen eine Erklärung folgenden Inhalts ab: Er habe sich mit seinem verstorbenen Bruder Bernd mündlich über ihr Erbteil und Gut dahin geeinigt, dass Bernd das Einlösungsrecht von Weitendorf und Kaarz (s. Vertrag 1521) haben solle, und er (Dinnies) nach dem Tode der Eltern das Erbgut (Rittersitz) zu Sternberg. Stieten hätten sie sich geteilt, so dass der Weg von Stieten nach Kobrow die Scheide gebildet hätte, und wie des verstorbenen Bernd Sohn Reimar (28) im neunten Jahre halb Stieten gehabt, so Dinnies das Gut Prestin. Auch habe nach des Vetters (d. i. Neffen) Reimar Tode bald nach der Teilung Bernd (32) 5 Hufen zu Stampen und den vierten Teil von Sparow behalten. Doch die Streitigkeiten hörten nicht auf, denn Dinnies verklagte am 15. Februar 1557 (Nr. CX) seinen Neffen

Reimar wegen mit Gewalt unternommener bestrittener Holzfällung, worauf das Herzogliche Landgericht ein Strafverbot gegen den Beklagten erliess und ihn wegen seiner Ansprüche auf den ordentlichen Rechtsweg verwies. Zwar vereinbarten sich Dinnies und Reimar (28) am 4. Oktober 1557 (Nr. LXXXVII) zu Stieten über ihr Erbgut. Danach sollte Dinnies Prestin behalten und Reimar Weitendorf, was jedoch sonst jeder erblich hatte, sollte geschätzt und dann ausgeglichen werden. Doch schwebte von 1559 (Nr. CXI) ab wiederum ein Prozess zwischen Reimar bezw. dessen Erben und Dinnies, der von den beiderseitigen Parteien mit grosser Ausdauer fortgeführt wurde und 1652 noch nicht sein Ende erreicht hatte. Auch mit den Bauern zu Wamckow lag Dinnies in Streit, denn am 26. Februar 1569 (Nr. CXIX) erteilte der Herzog Ulrich von Mecklenburg zu Güstrow den Bescheid, dass jene Bauern in Strafe zu nehmen wären und sich mit Dinnies abzufinden hätten, weil sie in streitiger Hölzung vergleichswidrig Holz geschlagen hätten.

Dinnies war am 27. Februar 1529 (Nr. LXXVIII) zu Sternberg Mitgelober bei einer Schuldverschreibung des Henneke von Plessen auf Brüel gegen die Pfarrherrn zu Sternberg, beteiligte sich 1531 (Nr. CVII) an einem Ueberfall des Gutes Wüstenfelde und wird 1539 (Nr. LXXXII) als Ackerbesitzer in Sternberg aufgeführt. Er wohnte 1545 (Nr. LXXXIII) in Prestin, wo er 1538 ein neues Haus erbaut hatte, das er mit dem Spruche „Dat Wort des Heren blifft in ewichkeit" versah. Dinnies zahlte 1555 dort an altem Abschoss 4 fl. 12 ßl. aus. Auch 1560 wohnte er zu Prestin und am 30. Mai 1571 (Nr. CXXIV) wurde er dort von einem Notar aufgesucht, dem er eine Aussage in dem damals schwebenden Prozess machte. Am 13. Juli 1573 (Nr. CXXVII) erklärte Dinnies, dass das Dorf Vichel (jetzt Hohen-Viecheln) dem Henning von Plessen zur Zeit, als er ihm vor einem Jungen gedient,[1] vom Herzoge Magnus (muss heissen Heinrich V.) und Baltzer von Mecklenburg († 16. März 1507) zur Unter-

---

[1] Im Anfang des 17. Jahrhunderts traten die Söhne, nachdem sie 14 Jahre alt und konfirmiert waren, als Jungen in Dienst.

haltung seines Ritterstandes gegeben worden sei. Dinnies soll 1528 fünf Hufen, welche die Kirche in Kobrow hatte, als ererbte an sich genommen haben. Die Kirchenvorsteher beschwerten sich am 19. Juni 1573 (Nr. CXXVII) darüber, und Dinnies gab am 17. Juli 1573 hierüber eine Erklärung folgenden Inhalts ab: Er wisse nicht, dass sein Vater der Kirche 5 Hufen geschenkt habe, weder sein Vater noch sonst ein Pressentin sei in der Kobrower Kirche begraben. Er habe den ihm angeerbten Acker schon vor 45 Jahren an sich genommen. — Dies ist die letzte Nachricht, die wir von Dinnies haben. Er starb zu Prestin zwischen 15$\frac{73,\ Juli\ 17}{71,\ Februar\ 21}$. Nach seiner Aussage zu Protokoll war er 1571 siebzig Jahre alt (70 nur in runden Zahlen).

Urkunde Nr. LXXVII vom 25. April 1524 giebt uns den Namen der Gemahlin des Dinnies an. Sie hiess Ilse von Lohe und war die Tochter des Johann von Lohe auf Scharfstorf und Beidendorf, der mit Hinterlassung zweier Töchter als der letzte seines Geschlechtes vor dem 25. April 1524 gestorben sein muss.

Johann von Lohe (Sohn von Volrath?
auf Scharfstorf mit Beidendorf, † vor 25. April 1524.

Anna, † 1595.	Ilse, † nach 1595.
G. I. Cord von Bülow auf Plüskow.	G. Dinnies von Pressentin.
II. N. N. von Barnekow.	

Um 1551 (Nr. LXXXIV) schenkte Dinnies, nach Aufzeichnung eines Prestiner Pfarrers, mit seiner Gemahlin Ilse von Lohe der Kirche zu Prestin eine neue Taufe, deren Becken tempore belli (um 1638) verloren ging, die im Uebrigen noch vorhanden ist und im Band III der „Kunst- und Geschichts-Denkmäler von Mecklenburg-Schwerin" von Professor Schlie demnächst im Lichtdruck erscheinen wird. In der Kirche zu Prestin befand sich das Pressentinsche Wappen an der ersten Säule auf der Altarwand der Kirche (ca. 1570 gemalt), an den anderen Säulen waren die Wappen der von Lohe, also das der Ehefrau des Dinnies Ilsabe von Lohe, ferner das Wappen der von Moltke und das von Kardorffsche angebracht. Die Ehefrau von Hartwig (25), Sohn von Dinnies, war Elisabeth von Moltke aus dem Hause Toitenwinkel.

Der Name von Kardorff kommt nur einmal in der
Geschichte derer von Pressentin vor, und zwar wird
der Name der Gemahlin des Bernd (17) auf Diliana
von Kardorff angegeben. Die Eltern von Hartwigs
Frau sollen Baltzer von Moltke auf Toitenwinkel und
Katharina von Putlitz gewesen sein. Nach Wilhelm
von Pressentins († 1760) Handschrift war die Mutter
von Dinnies eine von Kardorff, was aber den An-
sichten des Latomus, von Gamm und von Behr wider-
spricht, nach denen sie, wie oben genannt, eine von
Barner war. Nach anderen Handschriften war die
Gemahlin Hartwigs eine Tochter Gebhards von Moltke
auf Toitenwinkel und einer geborenen von Kardorff,
was infolge des vorgefundenen Wappens auch wohl
als richtig anzunehmen ist.[1]
  Ilse von Lohe, die Witwe des Dinnies, wird am
24. Februar 1574 (Nr. CXXIX) zu Wismar bei Leistung
einer Zahlung genannt. Sie war noch 1595 (Nr. CLIX)
als die letzte ihres Geschlechts am Leben und wird
vor 1609 gestorben sein. Ihrer Ehe mit Dinnies entstammen 9 Kinder:

  1. Johann (23).
  2. Reimar (24).
  3. Hartwig (25).
  4. Katharina war die Gemahlin Levin von
     Moltkes, deren beider Wappen und Namen
     an einem Fenster in der Kirche zu Prestin
     angebracht waren.
  5. Diliana.
  6. Bernd (26).
  7. Emerentia wird 1577 bei der Erbteilung
     als unverheiratet aufgeführt. Sie vermählte
     sich wohl 1579 mit einem Herrn von Klenau,
     denn beider Wappen waren mit der Zahl 1579
     in einem Fenster der Kirche zu Prestin an-
     gebracht.

---

[1] In dem von Kardorffschen Familienbuch findet sich Seite 215
ein Baltzer von Moltke auf Wesselsdorf, der mit Lucie von Kardorff vermählt war, und ferner Gebhard Moltke auf Drüsewitz,
dessen Witwe Diliane Kardorff noch 1568 lebte. Letztere werden
wohl die Eltern der Elisabeth Moltke, Gemahlin von Hartwig (25)
gewesen sein.

8. David (27).

9. Ilse war mit Adam von Rappe zu Sternberg vermählt. Sie war bereits 1613 (Nr. CLXXXV) Witwe und 60 Jahre alt, wird also wohl 1553 geboren sein. Der Ehe war ein Sohn namens Hartwig entsprossen, der plötzlich in Bützow starb. Ilse kam darauf am 2. Januar 1617 (Nr. CXCI) darum ein, diesen ihren Sohn in dem Begräbnis ihres sel. Mannes in Sternberg beisetzen lassen zu dürfen.

23. Johann,

wohl um 1536 geboren, ist in dem von Latomus aufgestellten Stammbaum der Familie verzeichnet. Nach Familienüberlieferung ist er in Frankreich geblieben. Dies muss nach 1571 geschehen sein, da er damals noch in Rostock studierte, wie aus einem Briefe von dort (Nr. CXXV) hervorgeht. Im Jahre 1577 war Johann bereits tot, da er nicht an der Erbteilung nach seines Vaters Tode teilnahm.

24. Reimar

wird jung gestorben sein. Auch er nahm an der Erbteilung von 1577 nicht mehr teil.

25. Hartwig,

der dritte Sohn von Dinnies, stand in fürstlich Mecklenburgischen Diensten und war Hauptmann der Aemter Lübz, Goldberg und Crivitz. Bei der Erbteilung am 18. Mai 1577 nach des Vaters Tode fielen die Lehngüter Prestin und Gross-Stieten m. Z. seinem jüngeren Bruder David zu, doch überliess derselbe sie für 8000 fl. mit der Belastung dem Hartwig. Den Sternberger Rittersitz hatte wohl Bernd (26) erhalten, da wir diesem in späteren Jahren als zu Sternberg wohnhaft begegnen. Hartwig reichte 1577 (Nr. CXXXIV) beim Herzoge eine Bitte ein, nicht zu gestatten, dass die Bauern zu Runow (wo sich damals eine Kapelle befand) den Kapellenacker dort und den Pfarracker zu Prestin schmälerten. Er war damals bereits Besitzer von Prestin, Stieten hatte er jedenfalls seinem Bruder Bernd überlassen.

Hartwig war ein gelehrter, kluger Mann, was daraus erhellt, dass ihm nebst einigen anderen aus der Ritterschaft 1581 (Nr. CXXXVI) vom Herzoge Ulrich einige Fragen wegen streitiger Lehnsfälle zur Beantwortung aufgetragen wurden. Auch wurde er 1583 (Nr. CXXXVII) auf dem Landtage zu Sternberg nebst anderen von Adel ausgewählt, die alte Landesverfassung einer Revision zu unterziehen und 1589 (Nr. CXLVI) die bis dahin im Schwange gewesenen Lehnsgebräuche zu untersuchen. Bereits 1585 (Nr. CXL) trat Hartwig in amtlicher Eigenschaft als Amtmann bei einem Vergleich über die Feldmark Ruthenbeck (Kirchspiel Zabel) auf und war am 22. März 1588 (Nr. CXLV) mit Joch. Bassewitz auf Levitzow zu Weitendorf Unterhändler wegen Streitigkeiten zwischen Reimar Plessen auf Brüel und Bernd Pressentin (32) auf Weitendorf.

Hartwig vergrösserte seine Besitzungen, indem er 1590 (Nr. CXLIX) von dem Herzoglichen Amte Crivitz die Sparower Mühle zum Gute Prestin hinzukaufte. Zu Ostern 1591 schloss er (Nr. CLIV) mit seinem Bruder Bernd einen Vergleich, worin er ihm einige zu Prestin gehörende Grundstücke auf 10 Jahre überliess, die Bernd nach Ablauf dieser Zeit mit Stieten zusammen wieder abzutreten versprach. Im folgenden Jahre 1592 (Nr. CLV) war Hartwig wiederum fürstlicher Commissar in Streitigkeiten, die Claus von Restorff mit seinen Bauern zu Ruthenbeck bei Crivitz hatte. Auch brachte er 1594 (Nr. CLVI) durch gütlichen Vergleich einen Prozess zu Ende, der lange Zeit zwischen den Pressentins und den Barners zu Bülow beim Kammergericht zu Speyer geschwebt hatte.

Hartwig wurde 1594 (Nr. CLVII) von den Klosterjungfrauen zu Dobbertin zum Provisor dieses Klosters erwählt. Seine Bestätigung erfolgte 1595 durch den Herzog Ulrich von Mecklenburg-Güstrow. Für dieses Kloster verglich sich Hartwig als Provisor desselben 1595 (Nr. CLVIII) mit den Beamten zu Goldberg wegen streitiger Grenzen. Im Jahre 1599 (Nr. CLXI) hatte Hartwig zu Prestin ein halbes Pferd zum Rossdienste zu entrichten. Der Kirche zu Prestin war von ihm um 1590 (Nr. CLIII) ein silberner Abend-

mahlskelch mit seinem Namen und Wappen geschenkt
worden, der noch vorhanden und im Gebrauch ist.
Jedenfalls ist Hartwig zwischen dem 10. März 1599
und dem 19. Juni 1600, wo bereits sein einziger Sohn
Johann Reimar (29) als Besitzer vor Prestin auftritt,
gestorben. Da nun in der Kirche zu Prestin an einem
Fenster die Worte standen: „Des Frydags na Cantate
ist in Godt verstorben de Edle und Ehrenveste Herr
Hartich Prestin, dem Godt gnedig sy", so ist als
Sterbejahr 1600 und als Tag der 5. Mai sicher. Am
20. August 1601 (Nr. CLXVIII) hatten die Klosterjungfrauen zu Dobbertin für den verstorbenen Hartwig
bereits einen anderen Provisor erwählt.

Die Gemahlin Hartwigs war Elisabeth von Moltke.[1]
Dieser Ehe entstammen zwei Kinder:

1. Ilse, 1559 geboren, wurde die Gemahlin Adams
   von Lepel auf Grambow im Kirchspiel Gross-
   Brütz (geb. 1559, † 24. I. 1649) und starb am
   27. Januar 1649.
2. Johann Reimar (29).

26. Bernd,

der vierte Sohn von Dinnies (21), ging in der Erbteilung von 1577 (Nr. CXXXIII) leer aus. Doch
überliess ihm wohl bald sein Bruder Hartwig (25)
das Gut Gross-Stieten, da er 1582 die Belehnung
wegen Stieten erneuerte und nach dem unter Hartwig
genannten Vertrage von 1591 (Nr. CLIV) Stieten besessen
haben muss. Am 16. Oktober 1589 (Nr. CXLVIII) war er
bei dem Begräbnis des Paul von Bülow auf Plüskow
(des Sohnes der Schwester seiner Mutter) in Wismar
zugegen, und am 17. Januar 1600 (Nr. CLXII) zeugte
er für Reimar von Plessen auf Brüel. Bernd wohnte in
späteren Jahren zu Sternberg und quittierte am 17. Jan.
1605 (Nr. CLXXIII) dem Johann Reimar (29) auf Prestin
wegen Empfangs einer Geldsumme, die er ihm auf
sein Patrimonium entrichtete, und versprach dabei,
ihn wegen ihrer und ihrer Vettern Hans (33) und
Bernd (32), Gebrüder von Pressentin, schwebenden
Rechtfertigung eine vermöge ihrer Verträge genügende
Kaution einzuantworten. Doch verklagte er am
18. Februar 1605 (Nr. CLXXIV) seinen Brudersohn

---

[1] Siehe Anmerkung [1] S. 27.

Johann Reimar wegen Abfindung für Stieten. Dann, im Jahre 1606, entspann sich ein Rechtsstreit zwischen ihm und Christoph von Barner zu Bülow wegen einer Bürgschaft, die Barner für Johann Reimar (29) übernommen hatte. Dieser Streit dauerte bis zum Jahre 1607 (Nr. CLXXV). Bernd machte 1608 (Nr. CLXXVI) bei der Sternberger Kirchenökonomie eine Anleihe von 100 fl., die er zu 6 vom Hundert zu verzinsen versprach und mit seinem Besitz in Sternberg dafür sich verbürgte. Im Jahre 1626 muteten seine beiden Söhne die Güter Klein-Stieten und Weitendorf, die von Bernd (32), † 1624, auf ihren Vater übergegangen waren. Bernd lebte noch Antonii 1626, wird aber wohl in demselben Jahre hochbetagt gestorben sein.

Er war mit Katharina von Plessen, der Tochter Reimars von Plessen auf Brüel, Tessin, Herzberg und Klein-Pritz und einer geborenen von Barner, vermählt. Seine Gemahlin überlebte ihn um ein bedeutendes und hinterliess vier Kinder:

1. Cuno Helmuth (30).
2. Reimar Joachim (31).
3. Ilsche wurde vor dem 11. August 1646 die Gemahlin des Lewin von Pentz auf Düssin.
4. Dorothea verheiratete sich wohl 1635 mit Jürgen von Preen auf Golchen.

27. David.

Dinnies jüngster Sohn, soll etwa 1552 geboren sein. Er erhielt in der Kavelung 1577 die Güter Prestin und Stieten, die er jedoch an seinen älteren Bruder Hartwig abtrat. Er hatte seinen Wohnsitz in Sternberg, wo er 1597 (Nr. CLX) unter Bürgschaft seines Bruders Bernd zu Stieten und des Hartwig von Preen zu Lübzin von dem Pastor Nicolai zu Gross-Raden eine Summe Geldes entlieh. Er stellte Antonii 1600 zu Sternberg dem Hans Jordan einen Schuldbrief aus (eingelöst 1613), und entlieh 1606 von dem Bürger J. Warkentin zu Güstrow eine Summe Geldes. Am 29 Januar 1603 (Nr. CLXXI) hatte David zu Güstrow sein Testament errichtet und etwa 1608 schied er aus diesem Leben.

Er war mit Eva von Preen seit 1591 verheiratet. Doch blieb diese Ehe kinderlos. Seine ihn überlebende Gemahlin, die ihren Wohnsitz in Sternberg hatte, verheiratete sich zum zweiten Male mit dem Hofprediger Joachim Kumbeer zu Danneberg.

22. Bernd,

auf Weitendorf und Klein-Stieten, der älteste Sohn des alten Reimar (18), wird etwa 1509 (Nr. CIII), allerdings nicht mit Namen, bei Schlichtung von Streitigkeiten zwischen seinem Vater und ihm einerseits und dem Ritter Heinrich von Plessen andererseits zuerst genannt. Der Vertrag vom 15. Januar 1521 (Nr. LXXIV) zwischen Reimar (18) und Dinnies (21) mit Bernd ist bereits oben erwähnt worden Bernd entlieh 1522 von dem Kloster Dobbertin eine Summe Geldes, die 1563 von der Witwe seines Sohnes Reimar, Adelheid von Preen, wieder zurückgezahlt wurde, und am 1. August 1523 (Nr. LXXV) unterzeichnete er zu Rostock die sogenannte kleine Union. Nach Zeugenaussagen vom 18. August 1525 (Nr. CVI) war Bernd bei 50 Jahren alt und besass Weitendorf und Kaarz, die beide an die von Plessen zu Brüel versetzt gewesen, von ihm aber wieder eingelöst waren. Auch wird er als auf Stieten gesessen angeführt, wo er den einen Hof (Klein-Stieten) besass. Bernd trat mehrfach als Zeuge auf, so vermittelte er am 21. Dezember 1523 (Nr. LXXVI) einen Verkauf zwischen Jürgen Drieberg und den Herzögen Heinrich und Albrecht von Mecklenburg, war am 18. Mai 1527 Zeuge und am 27. Februar 1529 (Nr. LXXVII) in Sternberg Mitgelober einer Schuldverschreibung des Henneke von Plessen auf Brüel gegen die Pfarrherrn zu Sternberg.

Bernd wird um 1475 geboren sein. Nach der Urkunde d. d. Prestin. 12. Februar 1552 (Nr. LXXXV), war er bereits tot, er wird um 1535? gestorben sein. Seine Gemahlin, die er etwa 1524 heimführte, war ein Fräulein von Schötze, Tochter des Jaspar von Schötze, dessen Familie auf Dönckendorf, Nienhagen und Kalkhorst sass und im 17. Jahrhundert ausstarb.

Bernd hinterliess nur einen Sohn namens Reimar (28).

28. Reimar,

auf Weitendorf, Kaarz (Ant.) und Klein-Stieten, wird von Latomus nur mit seinem Namen und dem seiner Gemahlin aufgeführt, von Behr hat ihn garnicht unter einer besonderen Nummer und von Gamm fügt die Jahreszahl 1572 (ein im Musterregister fortgeschleppter Name) hinzu. Reimar, der beim Tode seines Vaters noch ein kleiner Junge war, erhielt die Besitzungen seines Vaters, denen 7 Jahre lang Barbara Schötze, seiner Mutter Schwester, vorstand. Bald brachen jedoch Streitigkeiten zwischen ihm und seinem Vaterbruder Dinnies wegen gegenseitig bestrittener Ansprüche an die Güter (Prestin), Stieten, Stampen und Sparow, und Nutzungen aus denselben aus, die am 8. November 1551 (Nr. CVIII) zu einem Vergleich zwischen beiden führten. Die Erklärung des Dinnies über ihr beiderseitiges Besitztum 1552 (Nr. LXXXV) ist bereits unter Dinnies erwähnt. Reimar nahm zu Sternberg 1554 (Nr. LXXXVI) eine Summe Geldes von den Vicarien zu Sternberg auf und zahlte von Stieten 1555 (Nr. LXXXIII) an altem Abschoss 5 fl. Er vereinbarte sich am 4. Oktober 1557 (Nr. LXXXVII) zu Stieten wiederum mit Dinnies wegen ihres Erbgutes, wonach er Weitendorf haben sollte und Dinnies Prestin. Was sonst jeder erblich hatte, sollte geschätzt und darnach ausgeglichen werden. Denn bereits im Februar 1557 (Nr. CX) hatte Dinnies bei dem Herzoglichen Landgericht gegen Reimar eine Klage angestrengt wegen mit Gewalt unternommener bestrittener Holzfällung. Reimar erhielt darauf ein Strafverbot und wurde wegen seiner Ansprüche auf den ordentlichen Rechtsweg verwiesen. Er wird noch 1560 (Nr. LXXXIII) als zu Stieten wohnhaft genannt, doch wurde er etwa 1560 (Nr. CXII) von Hans von Barner erschlagen.

Reimar war mit Adelheid von Preen vermählt, die nach dem Tode ihres Mannes die Verwaltung der Besitzungen für ihre Kinder übernahm. Doch die Streitigkeiten zwischen Dinnies und Reimar hatten nicht aufgehört, denn 1559 (Nr. CXI) entstand ein Prozess zwischen beiden, den nach Reimars Dahinscheiden seine Witwe fortsetzte und der bis 1564 dauerte. Es fanden 1564 (Nr. CXIV, CXV), 1565 (Nr. CXVI) und 1566—1567 (Nr. CXVIII) noch weitere Prozesse und gerichtliche Verhandlungen zwischen Reimars Nachkommen und Dinnies statt, und in das Jahr 1569 (Nr. CXX) fällt ausserdem noch eine Klage, die Reimars Kinder (durch ihre Mutter bevormundet?) gegen Achim und Hans von Barner auf Weselin und Necheln wegen Störung der Fischerei auf der Warnow vorbrachten.

Adelheid von Preen wird vor 1586 (?) gestorben sein. Ihrer Ehe mit Reimar sind 4 Kinder entsprossen:

1. Elisabeth wurde die Gemahlin Joachims von Dambeck auf Dambeck (D.-A. Schwerin), als solche am 5. Februar 1585 (Nr. CXXXVIII) zu Wismar, am 18. Januar 1586 (Nr. CXLI) zu Güstrow und bei der Erbschaftsregulierung über das Vermögen des verstorbenen Hans Preen auf Moidentin (1586) vorkommend. Joachim starb am 20. September 1587 (Nr. CXLIV) vor seiner Gemahlin als der letzte seines Geschlechtes. Kinder sind dieser Ehe nicht entsprossen.

2. Bernd (32).
3. Hans (33).
4. Reimar (33ª).

32. **Bernd,**

der älteste Sohn Reimars (28), welcher in der Kavelung um den Besitz nach Reimars Tode Klein-Stieten und Weitendorf erhielt, leistete 1585 (Nr. CXXXIX) zu Wismar eine Zinsenzahlung. Am 18. Januar 1586 (Nr. CXLI) war er in Güstrow anwesend, da dort zwei Schiedsrichter die Ansprüche der von Pressentin als Testamentserben des Hans Preen auf Moidentin (wohl Bernds Grossvater) bestimmten. In demselben Jahre (Nr. CXLII) erhielt Bernd für seine Ansprüche an das heimgefallene Moidentin eine Abfindung aus der Herzoglichen Renterei und war mit 16 anderen Vasallen (Nr. CXLIII) Bürge für Vicke Hahn von Damerow. Im Jahre 1588 (Nr. CXLV) wurden langjährige Irrungen zwischen Bernd Pressentin und Reimar Plessen wegen Fischereien bei Weitendorf in der Warnow beigelegt, und um 1600 (Nr. CL) wird Bernd in dem Verzeichnis der adeligen Landbegüterten als zu Stieten gesessen bezeichnet. Er war am 14. September 1594 (Nr. CLVI) Beistand des Hartwig (25) bei Schlichtung eines Streites zwischen diesem und Christoph Barner und hatte am 10. März 1599 (Nr. CLXI) ¹/₄ Pferd zum Rossedienst praestieren müssen. Am 19. Juni 1600 (Nr. CLXIV) verglich er sich nebst seinem Vetter Johann Reimar (29) mit den Gebrüdern Joachim und Christoph von Barner (vergl. Johann Reimar) und 1604 (Nr. CLXXII) kam es endlich zu einer völligen Aussöhnung zwischen beiden Parteien nach lange beim Kaiserlichen Kammergericht geführten Prozess wegen des sogenannten Sparower Feldes. Auch mit seinem jüngeren Bruder Hans hatte Bernd in den Jahren 1600—1603 (Nr. CLXVII) einen Rechtsstreit wegen Kaufs von Stieten. Am 29. September 1601 (Nr. CLXIX) erstand er von dem Ministerium, dem Rate und den Kirchenjuraten zu Sternberg ein Erbbegräbnis in dortiger Kirche. Bernd verpfändete 1611 (Nr. CLXXXI) mit fürstlichem Konsens seinen Meierhof zu Weitendorf an Henning Passow und war an gerichtlichen Auseinandersetzungen vom 23. Mai bis 15. September 1612 (Nr. CLXXXII) beteiligt. Vom September bis Dezember 1612 (Nr. CLXXXIII) schwebte ein Prozess zwischen ihm und Christoph Preen auf Moidentin wegen Bürgschaftsangelegenheiten und auch in Prozessen von 1614—1616 wird Bernds Name genannt.

Bernd, dessen Wappen und Namen die Herzogin Sophia von Mecklenburg 1617 in dem Rittersaale zu Rehna (auf dem vierten Balken) malen liess, sollte am 3. März 1621 seine Lehndienste praestieren. Er starb 1624 ohne männliche Nachkommen und liegt mit seiner Gemahlin Anna von Lepel, einer Tochter des Claus von Lepel auf Sekeritz in Pommern und der Sophie von Hahn, in der Kirche zu Sternberg begraben. Sein Leichenstein ist durch den Oberlanddrost Karl von Pressentin (St. J. 15) vor einigen Jahren wieder aufgefunden und in der dortigen Kirche aufgestellt worden. Bernds Lehngüter fielen nach seinem Tode, da ihm sein Bruder Hans ebenso wie Reimar bereits in die Ewigkeit voraufgegangen waren, an Bernd (26).

Bernd hinterliess nur eine Tochter namens Dorothea, sie verheiratete sich 1635 mit Christoph von Mecklenburg, als dessen Gemahlin sie 1650 genannt wird.

33. Hans,

Reimars zweiter Sohn, war am 18. Januar 1586 (Nr. CXLI) in Güstrow bei Bestimmung der Ansprüche, die die von Pressentin als Testamentserben an dem Nachlass des Hans Preen auf Moidentin hatten, zugegen. Auch er erhielt eine Abfindung für seine Ansprüche an das heimgefallene Moidentin von der Herzoglichen Renterei ausgezahlt. Ebenso war er einer der 17 Vasallen, die sich am 26. Januar 1586 (Nr. CXLIII) für Vicke Hahn verbürgten, und ferner 1590 (Nr. CLI) Schadebürge für von Levetzow auf Görtzendorf.[1]) Bei dem Vergleich zwischen Hartwig (25) und Christoph Barner am 14. September 1594 (Nr. CLVI) war er Beistand auf Hartwigs Seite. Hans kaufte von den Erben der Witwe Grasse das Gut Körchow,[2]) wozu der Herzog Ulrich am 27. Oktober 1600 (Nr. CLXV) seine Bestätigung erteilte. Doch bereits 1612 bot er das Gut dem Herzoge Albrecht Friedrich zum Kaufe an und verkaufte es darauf am 13. Januar 1613 dem auf Blumenhof erbgesessenen Bürger Jakob Schabbelt zu Wismar. Wie bereits oben erwähnt, war Hans 1600—1603 mit seinem Bruder Bernd wegen Stieten in einen Rechtsstreit verwickelt und wird dort als auf Dike[3]) aufgeführt. Während er dort wohnte, war er Mitvormund der Hinterbliebenen des Reimar von Lehsten auf Wardow, dessen Gemahlin Sophie von Both war, und ferner 1609 beim Verkauf des Gutes Köthel[4]) aus dem Schmeckerschen Konkurs zugegen. Auch an Prozessen im Jahre 1612 war er beteiligt.

Bald nach dem Verkauf von Körchow siedelte Hans nach Wismar über, wo er am 1. Nov. 1614 (Nr. CLXXXVII)

---

[1]) Heute Gorschendorf am Kummerower See.
[2]) R. A. Bukow Es giebt auch ein Körchow im R. A. Wittenburg.
[3]) Diekhof, Kirchspiel Wattmannshagen.
[4]) R. A. Güstrow.

als Bürger dieser Stadt eingetragen wurde. Von 1614—1616 (Nr. CLXXXVIII) schweben dann wieder Prozesse, in denen Hans mehrfach genannt wird. Er starb im Jahre 1616 (Nr. CLXXXIX) und liegt in der Marienkirche zu Wismar begraben, wo sein Grabstein noch vorhanden ist. Die Gemahlin des Hans war Katharina von Podewils, die im September 1616 (Nr. CXC) noch am Leben, dem Johann Reimar auf Prestin und Stieten (29) eine Quittung ausstellte. Kinder sollen dieser Ehe nicht entsprossen sein.

33ᵃ. Reimar

kommt urkundlich nur zweimal vor. Er war 1586 ebenso wie seine beiden Brüder bei der Bestimmung. der Ansprüche der von Pressentin an dem Nachlasse des Hans Preen auf Moidentin beteiligt. Im Jahre 1601 muss er noch am Leben gewesen sein, da ihn sein Bruder Bernd (32) ausdrücklich als an der von ihm erstandenen Gruft zu Sternberg berechtigt angiebt. Urkunde Nr. CXLI giebt an, dass er geistesschwach gewesen sei.

29. Johann Reimar

auf Prestin und Gross-Stieten, der einzige Sohn Hartwigs (25) und der Elisabeth geb. von Moltke, mutete nach seines Vaters Tode, 1600, das Gut Prestin. In demselben Jahre am 19. Juni (Nr. CLXIV) wurden auch die Streitigkeiten zwischen ihm wie Bernd (26) an einem und Joachim und Christoph von Barner zu Zaschendorf und Bülow anderenteils wegen des Sparower Feldes und hinc et inde aus Kaarz und Bülow aufzugebender Pächte durch die fürstlichen Kommissarien Johann Cramon zu Woserin und Kuno Wulfrat von Bassewitz zu Masslow gehoben und dahin verglichen, dass die von den Pressentin jährlich aus Bülow zu hebenden Pächte gegen die aus Kaarz von den Barnern zu hebenden compensiert und aufgehoben werden. Eine völlige Aussöhnung fand jedoch erst 1604 (Nr. CLXXII) statt. Johann Reimar nahm am 17. Januar 1603 (Nr. CLXX) von Reimar von Plessen auf Brüel das Gut Wamekow pfandweise auf 20 Jahre an, welches auch der Herzog Ulrich von Mecklenburg

genehmigte. Wamckow wurde dann nach Ablauf
dieser 20 Jahre auch wieder von Reimar von Plessens
Schwiegersohn Gerd Steding eingelöst. Am 14. April
1603 (Nr. CLXX) genoss Johann Reimar mit anderen
vom Adel die Ehre, die sterbliche Hülle des vortreff-
lichen Landesherrn Herzog Ulrich in Güstrow zur
letzten Ruhe zu tragen.

Am 17. Januar 1605 (Nr. CLXXIII) quittierte Bernd
(26) dem Johann Reimar eine Summe, die er ihm auf
sein Patrimonium entrichtete und verklagte ihn darauf
am 18. Februar 1605 (Nr. CLXXIV) zu Sternberg wegen
Abfindung für Stieten. In den Jahren 1606—1607 (Nr.
CLXXV) fand dann ein Rechtsstreit zwischen Bernd
von Pressentin zu Sternberg und Christoph Barner auf
Bülow statt wegen einer Bürgschaft, die letzterer für
Johann Reimar übernommen hatte. Am 12. Juni 1609
(Nr. CLXXVIII) leistete Johann Reimar zu Beidendorf den Huldigungseid und war dann wieder am
17. Januar 1610 (Nr. CLXXX) in Güstrow anwesend,
wo er von Joachim Thun auf Borgfeld, dem Bruder
seiner Gemahlin, gegen Bürgschaften eine Summe
Geldes entlieh. Auch er wurde in die Prozesse
zwischen den Verwandten vom 23. Mai bis 15. September 1612 (Nr. CLXXXII) und 1613 (Nr. CLXXXV)
mit hineingezogen und weiter finden wir ihn in Unterhandlung mit dem Kloster Dobbertin, da im Jahre
1613 (Nr. CLXXXVI) die Priorinnen dieses Klosters
eine Geldsumme buchten, die sie an Johann Reimar
verliehen hatten.

In gerichtlichen Auseinandersetzungen vom Jahre
1614—1616 (Nr. CLXXXVIII) spielt Johann Reimar
wiederum eine Rolle. Er war am 9. Januar 1617
(Nr. CXCII) in Güstrow, wo er sich an dem feier-
lichen Leichenbegängnis der Herzogin Margareta
Elisabeth, der ersten Gemahlin Johann Albrechts II.,
beteiligte, und in demselben Jahre (Nr. CXCIII) kaufte
er eine Tochter in das Kloster Dobbertin ein. Aus dieser
Zeit stammt auch ein von ihm verfasster, nach Wismar
gerichteter Brief (Nr. CXCIV), der in seiner Urschrift sich
in der von Pressentinschen Familiensammlung befindet.
Johann Reimars Name und Wappen ist ebenso wie
Bernds (32) in dem Rittersaale zu Rehna auf Befehl
der Herzogin Sophia von Mecklenburg, der Witwe

des 1592 verstorbenen Herzogs Johann VII., geborenen Herzogin von Schleswig-Holstein-Gottorp, im Jahre 1617 (Nr. CXCVI) angebracht worden.

Im Jahre 1620, Jan. 17 (Nr. CXCIX), bekannte Johann Reimar zu Prestin, dass er der Kirche zu Goldberg Geld schulde, welches er zu verzinsen sich verpflichtete, und an demselben Tage (Nr. CC) nahmen er und seine Gemahlin bei dem Bürger Nicolaus Schmidt zu Sternberg ebenfalls eine Summe Geldes auf, die jener jedoch am 14. März 1622 einklagte. Johann Reimar sollte 1621 Lehndienste leisten.

Für Dietrich von Bülow auf Kritzow, der am 17. Januar 1620 (Nr. CCI) bei Anna von Barold eine Anleihe gemacht hatte, war Johann Reimar Bürge. In demselben Jahre (1620?) (Nr. CCIII) schenkte er nebst seiner Gemahlin der Kirche zu Prestin ein „Wisperwand" (?) von rotem, gedrucktem Sammet für den Altar und führte dann von 1620—1626 als Beklagter wegen Bürgschaft für einen Pachtvertrag einen Prozess mit Agnes von Wangelin und deren Erben zu Waren. 1626 war ein Sohn von ihm, dessen Name jedoch nicht genannt wird, wohl Claus (34), auf dem Landtage zu Sternberg, wo derselbe den Ständen eine Mitteilung über Einquartierung in Niendorf machte. Dieser Sohn war jedenfalls noch nicht volljährig, da man nicht einmal seinen Namen angab. In dem Hufen- und Erbenverzeichnis aus dem Jahre 1628 ist Johann Reimar mit 9 Bauleuten und 5 Kossaten in Prestin und Stieten aufgeführt, und endlich stellte er 1629 dem Joachim von der Lühe zu Dambeck[1]) eine Obligation aus. Nach von Gammschen Stammtafeln ist Johann Reimar 1631 gestorben; sicher ist, dass er 1632 nicht mehr am Leben war.

Johann Reimars Gemahlin war Anna von Thun, eine Tochter des Nicolaus von Thun auf Schlemmin und der Anna von Oldenburg aus dem Hause Gremmelin. Sie wird am 24. Januar 1613 (Nr. CLXXXIV) zu Wismar und am 17. Januar 1620 (Nr. CC) genannt, auch kommt sie nach dem Tode ihres Mannes noch mehrmals vor. Dieser Ehe sind 8 Kinder entsprossen.

---

[1]) Dambeck war 1625 von Dietrich von Bülow an Joachim von der Lühe verkauft worden.

1. Marie vermählte sich vor 1616 mit Wedige von Maltzahn.[1]) Sie wird um 1596 (?) geboren sein und starb als Witwe sicher vor Oktober 1642.
2. Hartwig (34ᵃ).
3. Claus (34).
4. Johann Otto (35).
5. Adam (35ᵃ).
6. Ilse wird 1641 genannt, aber bereits vor 1641 verhandelte sie mit der Witwe von Dessin zu Wamekow, welche Ansprüche aus der Zeit von 1623 gegen Ilses Vater und ihre beiden Brüder Claus und Johann Otto machte.
7. Elisabeth ist zwischen 1630 und 1640 an der Pest gestorben.
8. Sophie Ilse erlag ebenfalls zwischen 1630 und 1640 dieser Krankheit.

34ᵃ. Hartwig

war wohl der älteste Sohn Johann Reimars, da er seinen Namen nach dem Grossvater Hartwig erhielt, und muss dann spätestens 1600 geboren sein, wahrscheinlich 1599, als der Grossvater noch lebte. Hartwig muss noch gelebt haben, als Latomus († Aug. 1613) seine Nachrichten sammelte, da ihn dieser aufführt. Er wird aber vor dem Vater, also vor 1631, wahrscheinlich schon vor 1623 gestorben sein.

34. Claus,
1601—1654,

wurde nach dem Prestiner Kirchenbuch am 6. September 1601 geboren. Er besuchte die Universität zu Rostock, wo er im Februar 1619 immatrikuliert ward und von 1619 bis 1622 studierte. Nach dem Tode seines Vaters 1631 erhielt er Prestin, auch besass er den einen Hof zu Stieten (Gross-Stieten), die er 1632 beide mutete und 1633 den Lehneid dafür leistete.

---

[1]) Wedige von Maltzahn war ein Sohn Dietrichs von Maltzahn auf Raden (Kirchspiel Wattmannshagen) und dessen Ehefrau Anna von Rohr aus Freienstein. Er hinterliess zwei Söhne, Jürgen und Christoph, von denen Jürgen 1642 grossjährig gewesen zu sein scheint.

Den anderen Hof zu Stieten (Klein-Stieten) hatte um diese Zeit Christoph von Finecke inne. Claus durchlebte die nicht nur für Mecklenburg, sondern für ganz Deutschland verhängnisvollen Zeiten des 30jährigen Krieges, in denen Blüte und Wohlstand des Landes für lange Zeit vernichtet wurden. Auch er hatte viel in dieser Zeit zu leiden. Im Jahre 1643 namentlich verursachten ihm die Schweden, die durch Mecklenburg nach Holstein zogen, an seinem Hab und Gut schweren Schaden, und ausserdem hielt die Pest furchtbare Ernte unter den Bewohnern des Landes.

Seit dem 2. Januar 1642 mit Barbara Eva von Oldenburg, der 1623 geborenen Tochter Georgs von Oldenburg auf Köthel und der Dorothea von Schwerin aus dem Hause Grellenberg[1]) vermählt, starb Claus am 7. Juni 1654 zu Prestin, und seine Witwe führte nun für ihre minorennen 4 Töchter die Wirtschaft in Prestin fort. Schon im folgenden Jahre 1655 hatte sie einen Prozess mit dem Schulzen Joachim Dechow zu Kladrum, dem sie bei ertapptem Holzdiebstahl ein Pferd gepfändet hatte. Auch stellte sie 1655 eine Obligation aus und schenkte 1657 der Kirche zu Prestin eine rote Atlas-Altardecke.

Wie sehr das Land durch den 30jährigen Krieg und die Pest gelitten hatte, erhellt aus einer Notariats-Akte, die Barbara Eva am 5. Januar 1658 ausstellen liess, in der es heisst, dass der Prediger zu Demen seine Hebung bisher aus dem Sparower Felde bekommen habe, dieses jedoch schon lange wüst gelegen und, da fast ganz zugeheidet, völlig unbrauchbar geworden sei.

Einige Jahre darauf geriet Barbara in einen Prozess mit dem Oberstleutnant Claus Josua von Schack. Sie hatte nämlich Antonii 1658 an Cord Jürgen von Bülow auf Harkensee und Rosenhagen eine Obligation auf 3000 Thaler und 200 Thaler Zinsen ausgestellt, diese war von letzterem seinem Schwiegersohn, eben jenem Claus Josua von Schack,[2]) unter dem 5. April 1664 cediert worden, und nun klagte dieser 1667 jene

---

[1]) Rittergut im Kreise Grimmen in Vorpommern.
[2]) Claus Josua von Schack war mit der ältesten Tochter des Cord Jürgen von Bülow namens Anna vermählt.

Summe nebst den seit 1664 angewachsenen Zinsen mit Ausnahme von bereits bezahlten 100 Thalern bei der Herzoglichen Kanzlei zu Schwerin ein. Um sich der Schuld zu entledigen und den Prozess zu beendigen, übergab Barbara Eva dem Kläger gerichtlich eine Spezialhypothek auf den nach Prestin gehörenden Hof zu Stieten (Gross-Stieten) mit allen Pertinenzien auf der Seite der Buerbeck nach Stieten zu, samt allen Herrlich- und Gerechtigkeiten, um solchen nach landessittlicher Taxierung zur Bezahlung der Schuld anzunehmen. Jedoch von Schack nahm auch die Prestinwärts der Buerbeck gelegenen Pertinenzien, und zwar das Feld Sparow, die Stamper Hufen, den Stamper See und die Schäferei auf der Hörnbeck, als zu Stieten gehörig, in Anspruch. Hierüber entspann sich nun zwischen beiden Parteien ein Prozess. Nach den Aussagen der Zeugen gehörten diese Pertinenzien nicht nach Stieten, sondern waren von undenklichen Zeiten her von Prestin aus bebauet gewesen, hatten seitdem immer zu Prestin gehört und waren, wie sie noch im Gebrauch waren, stets von dort aus genutzt und gebraucht worden. Weiter sagten die Zeugen aus, es wäre von Prestin aus stets daselbst gesäet, geerntet und gehütet worden, die Fische aus dem halben Stamper See wären nach Prestin geliefert, der Müller zu Sparow hätte stets seine Pächte nach Prestin entrichtet und, da seit Anfang des 30jährigen Krieges die Mühle zweimal abgebrannt, wäre dieselbe von Prestin aus wieder aufgebaut worden. Ueberdies waren die von von Schack beanspruchten Pertinenzien von Barbara Eva bereits anderen Gläubigern hingegeben.

Zur Schlichtung dieses Streites wurde von der Herzoglichen Regierung eine Kommission eingesetzt, welche zugleich den nach Prestin gehörigen Teil von Stieten (Gross-Stieten) taxieren sollte. Dieser Anteil wurde am 2. Juni 1668 auf 5532 Thaler taxiert. Hierauf erfolgte nun das Urteil dahinlautend, dass dieser Hof auf Meistgebot zu bringen sei und von Schack ihn entweder für den höchsten Bot annehmen oder aus dem Kaufgeld sich bezahlt machen und den Ueberschuss an Barbara Eva zurückerstatten solle. Das endliche Resultat war, dass die Oekonomie zu

Bützow ungefähr 1671 den Hof (Gross-Stieten) erstand, von Schack jedoch nach erhaltener Auszahlung seiner Forderungen allen Ansprüchen auf Stieten entsagen musste.

Dieser Prozess war jedoch noch nicht beendigt, als sich schon 1669 ein Streit zwischen Barbara Eva und Christoph von Finecke, dem der andere Hof von Stieten (Klein-Stieten) gehörte, da er die hinterbliebene Erbtochter Reimars von Pressentin auf Stieten (31), Katharina Hedwig, geheiratet hatte, wegen der von letzterem beabsichtigten Ausdehnung der Weidegerechtigkeit über die Felder Prestinwärts der Buerbeck erhob. Zur Schlichtung dieses Streites schickte Barbara Eva den Gerd Karl von Dessin und Helmuth Joachim von Restorff mit einer schriftlichen Instruktion, in ihrem Namen von ihrem Schwiegersohn Bernd von Pressentin (37) unterschrieben, an Finecke, um mit ihm zu unterhandeln. Da nun aber Finecke auf deren Vorschläge nicht einging, so belangte ihn Barbara Eva 1669 gerichtlich, worüber jedoch nur wenig Akten vorhanden sind. Diese Angelegenheit gab zu immerwährenden Streitigkeiten zwischen den jedesmaligen Besitzern der Güter Prestin und Stieten Veranlassung, die noch bis 1726 dauerten.

In einem Pfandkontrakt wegen Verpfändung des Gutes Prestin an Christoph von Schack, der jedoch nicht in Erfüllung ging, ist das Gut Prestin als bis zur Buerbeck reichend angeführt.

Barbara Eva hatte einen Bruder Jürgen Christoph von Oldenburg, welcher 1668 noch lebte. Sie starb am 20. November 1675, und ihr Schwiegersohn Bernd von Pressentin (37) kaufte 1679 das Gut Prestin. Aus ihrer Ehe mit Claus von Pressentin gingen vier Töchter hervor, die alle zu Prestin geboren sind.

> 1. Anna Dorothea, am 24. November 1642 geboren, verheiratete sich am 12. November 1665 mit Bernd von Pressentin auf Weitendorf und wurde die Stammmutter aller jetzt lebenden von Pressentin. Sie starb am 6. November 1722 nach ihrem Manne auf dem Rittersitz zu Sternberg.

2. **Elisabeth Sophie**, geboren am 23. Oktober 1644, wurde 1685 die Gemahlin des Hugo Christoph von Passow auf Radepohl. Sie starb am 25. Mai 1706 und ihr Gemahl folgte ihr am 10. April 1726 in die Ewigkeit.

3. **Eva Marie** erblickte am 5. Januar 1648 das Licht der Welt. Sie starb unvermählt am 19. März 1708 zu Sternberg.

4. **Else Katharina**, geboren am 18. Juli 1652, heiratete 1695 Wichard von Tauern (oder Dawert?) und starb nach 1726.

35. Johann Otto,

der dritte Sohn Johann Reimars, wird 1603 geboren sein. Bei der Losung um den Besitz seines Vaters ging er leer aus. Er trat in K. K. Militärdienste und soll es bis zum Oberstleutnant gebracht haben. Um 1641 wird er zu Wien gestorben sein.

35ᵃ. Adam

wird weder von Latomus noch von von Behr und von Gamm genannt. Die genealogischen Tafeln führen ihn jedoch mit dem Bemerken auf, „durchs Loos (ohne Gut) ausgegangen". Adam hat also beim Tode seines Vaters gelebt und muss nach 1631 gestorben sein.

30. Cuno Helmuth,

1590—1640,

auf Weitendorf und Sternberger Rittersitz, der älteste Sohn Bernds (26) auf Stieten, wird 1590 geboren sein. Als sein Lehnsvetter Bernd (32) auf Stieten gestorben war, mussten er und sein Bruder Reimar Joachim die auf ihren Vater vererbten Güter auf dessen Begehr schon bei seinen Lebzeiten teilen. Dies geschah 1624, und Cuno Helmuth erhielt hierbei Weitendorf und den Sternberger Rittersitz. Ueber diese Teilung wurde am 6. April 1625 ein schriftlicher Vergleich errichtet.

Auch muss Cuno Helmuth Stieten besessen haben,
da er im Hufen- und Erbenverzeichnis von 1628 auf
Stieten mit 7 Kossaten aufgeführt wird.
Er war mit Elisabeth von Wopersnow, der um
1600 geborenen Tochter des Fürstlich Bischöflichen
Regierungsrats, Domherrn und Seniors des Stifts
Schwerin Jürgen von Wopersnow auf Keetz, Thurow
und Dämelow und der Ilsabe von Bülow aus dem
Hause Prützen (Karcheez), vermählt und zwar seit
etwa 1621, da am 25. Oktober 1620 (Nr. CCIV) zu
Keetz ein Vertrag wegen dieser Eheschliessung auf-
gesetzt wurde.
Cuno Helmuth starb im Mai 1640. Nach seinem
Tode geriet Weitendorf 1643 in Konkurs und wurde
den Gläubigern antichretisch verkauft. Unter diesen
befand sich auch seine Witwe, die nun in grosse
Bedrängnis geriet und in Dürftigkeit zu Sternberg
(Rittersitz) bis 1648 lebte. Daselbst war sie auch
gezwungen, einige Aecker zu verpfänden. Dann
wohnte sie auf ihrem Gehöft in Weitendorf, wo sie
noch 1665 war und auch wohl am 14. Januar 1676
gestorben ist. Sie hatte mit Cuno Helmuth 5 Kinder:

1. Jürgen (36^a).
2. Ulrich (36^b).
3. Helmuth (36).
4. Bernd (37).
5. Dorothea.

36^a. Jürgen

kommt in der Vormundschaftsrechnung von 1648—1649
vor und ist in jungen Jahren etwa 1650 gestorben.

36^b. Ulrich

wird ebenfalls in der Vormundschaftsrechnung von
1648—1649 genannt und starb jung etwa 1650.

36. Helmuth,
1632—1676,

wurde 1632 zu Weitendorf geboren. Er widmete sich dem
Soldatenstande und trat in die Königlich Schwedische
Armee, in der er es bis zum Rittmeister brachte. Aus

dem Nachlass seines Vaters erbte er den Sternberger Rittersitz und hatte eine Zeit lang den Pfandbesitz von Penzin.[1]) Helmuth und sein Bruder Bernd (37) lösten dann auch 1657 Weitendorf von den Gläubigern ihres Vaters wieder ein. Helmuth starb bereits am 15. Januar 1676 ohne leibliche Erben und seine Besitzungen gingen auf seinen Bruder Bernd (37) über. Fast wäre mit Helmuth das Geschlecht derer von Pressentin erloschen, da nur noch sein jüngerer Bruder Bernd als einziger männliche Nachkomme dieser Familie am Leben war.

Helmuth war seit 1663 mit Margarete Marie von Rappe, einer Tochter des Hans Jürgen von Rappe auf Weselin, vermählt. Seit 1676 Witwe, folgte sie 1711 ihrem Gemahl in die Ewigkeit. Kinder sind dieser Ehe nicht entsprossen.

37. Bernd,

1639—1709,

der Stammvater aller jetzt lebenden Angehörigen des Geschlechts von Pressentin, wurde in der schwersten Zeit, welche Mecklenburg und besonders die Sternberger Gegend erlebt hat, nicht in Weitendorf, sondern in Brüel am 18. Juli 1639 geboren. Sein Vater starb bereits 1640, als er noch ein kleines Kind war. Seine Mutter Elisabeth, aus dem angesehenen und begüterten Geschlecht von Wopersnow, zog nach Sternberg und lebte dort kümmerlich bei anderen Leuten, indem sie sich von ihrer Hände Arbeit nebst einigen Lieferungen aus Kaarz mit ihrem jüngsten Sohn, eben diesem Bernd, ernährte. Ihr älterer Sohn Helmuth stand bereits in Königlich Schwedischen Kriegsdiensten.

Bernd, bevormundet durch seinen Vetter Claus von Pressentin auf Prestin und Engelke von Restorff, besuchte mindestens seit 1649 die hervorragende Sternberger Schule, welche zum Universitätsstudium vorbereitete. Etwa 14 Jahre alt wird er konfirmiert worden sein und wurde dann gegen Ende 1653 für einen Edelknaben beim Herzog Philipp von Holstein-Glücksburg in Dienst gegeben.

---

[1]) Penzin im R. A. Crivitz.

Es besteht die Sage, dass Bernd als kleines Kind sehr schwach und krank gewesen, aber völlig gesund geworden sei, nachdem er in den ersten Tagen nach der Sommersonnenwende bei abnehmendem Monde morgens gegen Sonnenaufgang nackt und die Füsse voran, jedesmal dreimal, durch eine kreuzweis durchlochte Eiche zu Prestin kreuzweise durchgezogen worden sei. Berichtet wird diese Sage von Bernds Urenkelin, der Gemahlin des Generalleutnants Bernhard von Pressentin (St. Gr. K. 2), Magdalena Dorothea geborene von Pressentin († 1836). Die Eiche hat bis etwa 1886 gestanden, ist vor ihrer Niedernahme gezeichnet und nach der Zeichnung photographiert. Von dem letzten grünen Ast sind Abschnitte gemacht worden. In Prestin ging, solange die Eiche stand, die Sage, dass es nächtlicherweile bei der Eiche spuke.

Nach dem Tode seines Bruders Helmuth erhielt Bernd Weitendorf und den Sternberger Rittersitz. Jedoch schon nach einigen Jahren (1680) verpfändete er Weitendorf an den Landrat von Petersdorff. Bernd von Pressentin, heisst es in dem Vertrage, verkauft Weitendorf nebst dem Anteil an Kaarz an Hans Jürgen von Petersdorff. Die auf dem Sternberger Felde befindlichen Aecker, wie die in Sternberg belegene Hausstätte und das Begräbnis gehören nicht zum Gute Weitendorf und bleiben dem Herrn Verkäufer als sein Eigentum vorbehalten. Dieser Vertrag wurde am 13. Oktober 1680 abgeschlossen.

Am 13. August 1681 und 1693 mutete jedoch Bernd das Gut Weitendorf ebenso wie Prestin. Letzteres kaufte Bernd als nächster Lehnsfolger für 14 000 Thaler am 10. Juli 1679 von seiner Ehefrau Anna Dorothea und deren Schwestern Elisabeth Sophie, Eva Maria und Ilsabe Katharina von Pressentin.

Bernd wohnte nun in Prestin und bald erhob sich der schon oben erwähnte Streit wegen der Felder Prestinwärts der Buerbeck von neuem nun zwischen Bernd und Paul Andreas von Bülow, welcher nicht nur den der Oekonomie zu Bützow gehörenden Hof zu Stieten (Gross-Stieten) erhandelt hatte, sondern 1681 auch des verstorbenen Christoph von Finecke Pfandgut Klein-Stieten auf 20 Jahre in Pfand genommen hatte. Zwar waren 1669 die Grenzen des

Prestinschen Anteils von Stieten (Gross-Stieten) an
der Buerbeck festgesetzt, auch durfte die Oekonomie
zu Bützow, die damals ihren Hof zu Stieten durch
einen Verwalter administrieren liess, die Hütung über
die Buerbeck nicht ausdehnen, sondern musste, da es
dem derzeitigen Verwalter aus nachbarlicher Freund-
schaft erlaubt worden war, 1680 einen Revers deswegen ausstellen. Dessen ungeachtet wollte nun von
Bülow unter dem Vorwande, dass er von beiden Höfen
nicht so viel Vieh halte, als früher Finecke von dem
einen Hofe, die Hütung über die Buerbeck ausdehnen,
was jedoch Bernd nicht zugeben wollte. Im Jahre
1684 kam es denn endlich zu einem gütlichen Vergleich. Nach dem Tode Bülows 1697 gelangte Stieten
wieder in die von Pressentinsche Familie, denn Bernd
löste beide Höfe von der Witwe Bülows Dorothea
geb. von Sperling aus dem Hause Schlagsdorf wieder
ein, und der Vergleich hierüber wurde von ihr und
ihren beiden Söhnen Matthias und Paul Christoph
von Bülow unterzeichnet. Es waren in diesem Vergleich die zu Sternberg belegene Hausstelle (der Rittersitz) und die dort vorhandenen Aecker und Gärten
mit einbegriffen. Vielleicht fiel auch jetzt der Anteil
an Kaarz wieder der Familie zu. Bernd verpachtete
nun sogleich Stieten an Daniel Böckow. Auch jetzt
wurden die streitigen Felder bis an die Buerbeck von
Prestin aus mitbehütet. Dies geschah auch nach
Bernds Tode 1709 von seiner Witwe Anna Dorothea,
sowie auch später, als bereits sein Sohn Claus Otto
zu Stieten wohnte, obwohl dieser sich oftmals darüber
beschwerte und später wieder Prozesse daraus ent-
standen.

Im Jahre 1694 finden wir Bernd als Vormund
des Dietrich Christoph und Adolph Ernst, Gebrüder
von Barner, deren Anteil an dem Gute Sülten er nach
am 8. März 1694 erlangtem Herzoglichen Konsens an
Adam Langemann auf 10 Jahre verpfändete. Im
Jahre 1701 verfügte Bernd letztwillig über seine Lehngüter, in welcher Weise, werden wir bei seinen Kindern
berichten. Bernd baute den Rittersitz zu Sternberg
wieder auf und vergrösserte 1702 durch Ankauf einer
Scheune nebst Garten von dem Bürger Caphingst seinen
Besitz daselbst. Er starb Palmarum (24. März) 1709.

Vermählt war Bernd seit dem 12. November 1665 mit Anna Dorothea von Pressentin, der ältesten Tochter des Claus von Pressentin (34) und dessen Gemahlin Barbara Eva von Oldenburg aus dem Hause Köthel. Anna Dorothea, am 24. November 1642 zu Prestin geboren, starb am 6. November 1722 zu Sternberg auf dem Rittersitz. Es sind dieser Ehe 10 Kinder entsprossen.

1. **Hartwig Helmuth** (siehe Haus Weitendorf 1) (38).
2. **Claus Jürgen** (39).
3. **Bernd Ulrich** (siehe Haus Prestin 1) (40).
4. **Nicolaus Otto** (siehe Haus Stieten 1) (41).
5. **Elisabeth Sophie**, am 18. Februar 1674 zu Weitendorf geboren, starb unvermählt am 29. Oktober 1745 zu Prestin, wo sie lange Jahre die Wirtschaft geführt hatte.
6. **Eva Dorothea** wurde am 21. Oktober 1675 zu Prestin geboren. Sie vermählte sich am 4. Februar 1708 mit Siegfried Christian von Jagow auf Gross-Gaartz in der Mark und starb 1721.
7. **Ilse Marie**, am 29. Oktober 1679 zu Prestin geboren, starb unvermählt am 22. Februar 1752 zu Daschow.
8. **Anna Hedwig**, geboren zu Prestin am 22. Juli 1682, wurde am 15. Januar 1718 die Gemahlin des Königlich Dänischen Kapitäns Johann Anton von Wickede und starb, nachdem sie am 1. April 1728 Witwe geworden war, im Jahre 1750.
9. **Katharina Juliana**, am 28. Februar 1685 zu Prestin geboren, war Konventualin des Klosters Malchow und starb daselbst am 2. Oktober 1758.
10. **Balthasar Christoph** (s. Haus Kaarz 1) (42).

39. Claus Jürgen,

der zweite Sohn Bernds, ist am 8. Mai 1668 zu Prestin geboren, doch wurde er bereits am 22. Mai desselben Jahres seinen Eltern wieder durch den Tod entrissen.

31. Reimar Joachim,

1600—1633,

war der etwa 1600 geborene zweite Sohn Bernds (26) und der Katharina von Plessen. In der bei seinem Bruder Cuno Helmuth (30) erwähnten Erbteilung erhielt er 1624 Stieten (Klein-Stieten), als dessen Besitzer er 1628 in dem Hufen- und Erbenverzeichnis mit 9 Bauleuten (Bauern) und 7 Kossaten aufgeführt wird. Er besass also nur den einen Hof (Klein-Stieten) daselbst.

Reimar Joachim, der zwischen dem 9. Juli und 25. September 1630 an der Pest starb, war bald nach 1625 mit Barbara von Lowtzow, einer Tochter Elers von Lowtzow auf Rensow und der Barbara von Winterfeld aus dem Hause Hunerland, verheiratet. Dieser Ehe sind 3 Kinder entsprossen, nämlich zwei Söhne, deren Namen unbekannt geblieben sind, die mit ihrem Vater der Pest erlagen, und eine Tochter Katharina Hedwig. Diese, um 1630 geboren, vermählte sich 1648 mit Christoph von Finecke.

Nach Reimar Joachims Tode lag Stieten während des 30jährigen Krieges wüst, seine Gemahlin und Tochter waren nach Lübeck gezogen, wo Barbara noch 1650 lebte. Erst 1652 fing Reimar Joachims Schwiegersohn Christoph von Finecke wieder an, das Gut zu bebauen. Im Jahre 1659 sollte dieser nun den Lehneid leisten, zeigte aber an, dass er das in Konkurs verfallene Gut nur jure crediti besitze und er deshalb den ihm angemuteten Lehneid nicht leisten könne. Fineckes Walten auf Stieten lässt sich bis zum Jahre 1671 verfolgen. Seine Streitigkeiten mit Barbara Eva von Pressentin geb. von Oldenburg sind bereits unter Claus (34) erwähnt worden. Sein Sohn Christoph Friedrich von Finecke verkaufte, nach des Vaters Tode 1681, an Paul Andreas von Bülow den von jenem pfandweise innegehabten Anteil von Stieten (Klein-Stieten) auf 20 Jahre. In dem Willbrief vom 16. Juli 1681 heisst es: Christoph Friedrich von Finecke verkauft Stieten nebst den Pertinentien in Kaarz u. s. w. an von Bülow und den Landrat Bugislaff von Petersdorff. Dies that er für sich und

seine minorennen Geschwister.[1]) Wie dann Stieten
wieder an die Familie von Pressentin kam, haben wir
unter Bernd (37) gesehen.

Ausser den bis hierhin aufgeführten Angehörigen
des Geschlechts wird noch verschiedentlich in Urkunden und anderen Werken der Name Pressentin
genannt, doch fehlen teilweise die Vornamen, teils
sind sie trotz derselben nicht mit Sicherheit in Vor-
stehendem unterzubringen und sollen deshalb hier
aufgeführt werden.

Ohne Angabe eines Vornamens wird zu Lübeck
1334 (Nr. XVI) ein Prestentyn (Prescentyn?) mit
anderen Genossen wegen Totschlags des Vollmar von
Altendorn, vormaligen Konsuls zu Lübeck, verfestet.

Ebenfalls ohne Nennung des Vornamens führt eine
Urkunde aus dem Jahre 1352 (Nr. XX) zu Parchim
einen Pressentin als Häuserbesitzer daselbst an, der
1353 einen Teil von 2 Häusern dort verpfändete.

Am 14. Februar 1368 (Nr. XCI) finden wir zu Güstrow
einen Bürger Pressentyn, der nebst 14 anderen
Bürgern (oppidani) und dem Bürgermeister Dietrich
Haselow von dem Probst Gerhard zu Güstrow, als
bevollmächtigtem päpstlichen Richter, vom Banne,
in den sie wegen gewaltsamer Ergreifung des weil.
Probstes Hermann Wampen und des Gerhard selbst
gethan waren, freigesprochen wurde, nachdem diese 15
eidlich erhärtet hatten, dass sie Hülfe und Rat bei
dieser Unthat nicht gewährt hätten.

Parchim 1410 Juli 28 (Nr. XCIII). Mehrere Pfleger,
bezw. für den minderjährigen Joh. Koss, und die
Schwestern Wibbele Witwe Prestins und Assele
Witwe Belows (geb. Koss?) als Patronats-Inhaber,
willigen in den Tausch der Vicare von St. Marien
in Parchim und von Hohen-Viecheln.

Sophie von Pressentin war 1493 (Nr. LXVI)
Priorin des Cistercienser-Jungfrauenklosters zu Marienfliess[2]) an der Stepnitz. Wer ihr Vater war ist unbekannt.

---

[1]) Fineckes waren 6 Geschwister.
[2]) Marienfliess, 25 km südöstlich von Parchim, liegt im
Kreise Ost-Priegnitz, am 12. April 1442 endgültig von Mecklenburg an die Hohenzollern abgetreten.

Am 19. März 1417 wird ein Nicolaus Pressentin genannt, dem der Herzog Ulrich von Mecklenburg-Strelitz 200 Mk. schuldete. Er wird mit Gottschalk Barner zusammen aufgeführt.

Ilsabe von Pressentin war 1531 (Nr. LXXIX) die Gemahlin des Bürgermeisters von Sternberg, Hans Rappe. Im Jahre 1513 verheiratete sich Hans Rappe zu Schwerin mit einer von der Lühe. Ilsabe war also wohl dessen zweite Gemahlin, wenn es derselbe Hans Rappe war, was unsicher ist.

Um 1554? (Nr. CIX) vermählte sich Ilse von Pressentin, so giebt von Hoinckhusen an, mit Georg von Bülow auf Prützen, doch ist sie in dem von Bülowschen Familienbuch nicht verzeichnet, aber auch Georgs Gemahlin nicht angegeben.

Aus einem Bericht des letzten Praeceptors des Antoniusklosters zu Tempzin von 1563 erhellt, dass das Gut Witzin von vier Adelsfamilien, nämlich den Bülows, Pressentins, Gantzows und Bonsaks gekauft sei. (Vergl. Urkunde Nr. CXIII).

In dem Pestjahre 1565 (Nr. CXVII) starben nach dem Register der St. Marienkirche zu Wismar daselbst ein Prestin und nach dem der St. Nicolaikirche gleichzeitig eine Prestinsche.

Bei dem Leichenbegängnis des am 14. Oktober 1589 (Nr. CXLVIII) zu Wismar verstorbenen Paul von Bülow auf Plüskow, dessen Mutter, eine geborene von Lohe, die Schwester der Gemahlin des Dinnies von Pressentin (21) war, findet sich unter den ehrbaren Frauen und vieltugendsamen Jungfrauen, die der Leiche nachfolgten u. a. „Elizabeth Prestentin, Volrath Preinen eheliche Hausfraw."

Lange nach 1505, so berichtet Franck, Alt- und Neues Mecklenburg, ist ein Pressentin Ratmann in Sternberg gewesen. Die Pressentin haben häufiger städtische Aemter in Sternberg bekleidet, so war einer derselben 1475 Bürgermeister[1] in Sternberg (s. Hartwig 15).

Am 1. April 1603 (Nr. CLXXI) stellte Anna von Pressentin, die Witwe Burchards vom See zu Wismar

---

[1] Bürgermeister von Sternberg war auch Hartig Pressentin (J.) im Jahre 1400.

eine Empfangsbescheinigung aus, die sie mit dem Pressentinschen Wappen besiegelte.

Um dieselbe Zeit kommt in Akten eine mit (Jürgen?) von Preen vermählte Elisabeth von Pressentin vor.

Um 1610 (Nr. CLXXIX). Achim von Crammon auf Borckow (1523—1560) lebte in zweiter Ehe mit Magdalena von Brüsehaver (aus dem Hause Roggow?), aus welcher Ehe u. a. ein Sohn Claus entspross, gesessen auf Goldberg[1]), welcher 1622 starb und vermählt war in erster Ehe mit Martha von Hahn, in zweiter mit Anna von Pressentin, die kinderlos starb.[2])

In der Kirche zu Vilz waren früher Glasscheiben in den Fenstern mit den Wappen und Namen Cordt Moltkes und seiner Gattin Elisabeth Prestin und Johann Klenows 1611, vergl. Schlie, Denkmäler I. S. 409.

Zurow 1617 (Nr. CXCV). Die Pfarrkirche in Zurow ritterschaftlichen Amtes Mecklenburg, des im Mittelalter bedeutenden alten Stralendorffschen Lehngutes, besitzt einen Abendmahlskelch, auf dem das von Stralendorffsche Wappen und darüber H. v. S., d. i. H. von Stalendorff, der Ehemann, sowie das von Pressentinsche Wappen, darüber M. P., d. i. M. Pressentin, die Ehefrau, eingegraben ist.[3]) Von einer Stralendorff-Pressentinschen Familienverbindung ist sonst nichts aus dieser Zeit bekannt geworden.

---

[1]) Goldberg im Kirchspiel Passee.
[2]) Vergl. Fromm, von Zepelin (Geschichte) S. 159.
[3]) In der Familiensammlung befindet sich eine Zeichnung dieses Kelches von Gertrud von Pressentin (v. H. St. J.) in Schwerin, und Photographien (von 2 Seiten), die wir durch die Güte des Herrn J. F. F. von Stralendorff auf Gamehl besitzen.

II. Abschnitt.

Geschichte und Stammtafeln

der Glieder

der Häuser Weitendorf, Prestin, Stieten, Stieten-Gross-Kussewitz, Stieten-Sternberger Rittersitz, Stieten-Jesendorf und Kaarz bis zum Jahre 1899.

Als Bernd von Pressentin 1709 und seine Witwe Anna Dorothea, geb. von Pressentin, 1722 gestorben waren, lebten von dem ganzen Geschlechte nur deren Abkömmlinge. Es waren dies ausser Töchtern, nachdem ein Sohn Claus Jürgen im ersten Lebensjahre 1668 verstorben war, vier Söhne bezw. eines verstorbenen Sohnes zwei Söhne. Von diesen stammen also alle von Pressentin, welche später gelebt haben, ab, nämlich von:

1. Hartwig Helmuth auf Weitendorf, dessen Haus ausgestorben ist.
2. Bernd Ulrich † 1702, dessen Haus in den Nachkommen seines älteren Sohnes Bernd, in dem Hause Prestin blüht.
3. Nicolaus Otto, dem Gründer der blühenden Häuser Stieten.
4. Balthasar Christoph auf Kaarz und Sternberger Rittersitz, welches Haus erloschen ist.

A. Haus Weitendorf.

1. Hartwig Helmuth,

1666—1737 (v. G. 38),

wurde am 18. Oktober 1666 zu Prestin geboren. Nachdem er die nötige Schulbildung genossen, bezog er
die Universität zu Rostock, wo er im Mai 1685
immatrikuliert wurde. Hierauf trat er in Holländische
Kriegsdienste und war 1690 Junker in Graf Bielckens
Regiment. Doch trat er bald in Dänische Dienste
über, wo wir ihn als Leutnant bei der Königlichen
Garde in Kopenhagen im Jahre 1695 finden.

Sein Vater Bernd hatte d. d. Sternberg 13. X. 1680
sein Lehngut Weitendorf an Hans Jürgen von Petersdorff auf Witzin (als Pfandgut?) verkauft. Nach
langen Prozessverhandlungen, in welchen erst Bernd,
dann seine Söhne (als Agnaten) als Kläger auftreten
— es drehte sich darum, ob Weitendorf an Petersdorff gültig verkauft, oder ob es verpfändet worden? —
kam es zum Vergleich mit von Petersdorff vom
18. Juli 1699 und löste Hartwig Helmuth das Gut
für 10 650 Gulden ein, nachdem er und seine Brüder
am 29. März 1699 einen neuen Lehnbrief erhalten hatten.

Durch die väterliche Güterverteilung am 12. Januar
1700 und Anerkennung der sämtlichen Söhne am
21. Februar 1701 kam Hartwig Helmuth in den Allein-
Besitz von Weitendorf, welchen er aber thatsächlich
schon früher inne gehabt zu haben scheint, nachdem
er seinen Abschied aus dem Dänischen Militärdienste
genommen. Am 6. November 1725 verpfändete er
jedoch Weitendorf, mit Ausnahme der Aecker auf dem
Sternberger Felde, an den Herzogl. Mecklenburgischen
Oberstleutnant Magnus Friedrich von Barner auf Bülow,
Badekow und Lütten-Görnow für 12 000 Reichsthaler
bis zum Jahre 1762.

Hartwig Helmuth verheiratete sich am 20. Januar
1700 mit Katharina Elisabeth von Lowtzow, Tochter
Friedrichs von Lowtzow auf Rensow und Vietschow
und der Sophie Agnes von Cappeln aus dem Hause
Mankmuss. Seine Gemahlin war am 27. Januar 1673
geboren und starb am 19. Dezember 1738. Ohne
männliche Erben zu hinterlassen, da sein einziger
Sohn Bernd Christoph ihm bereits in die Ewigkeit
voraufgegangen war, starb Hartwig Helmuth am

A. Haus Weitendorf.

(Ausgestorben 1737.)

XII.

38. (1.) **Hartwig Helmuth.**
* 18. X. 1666 zu Prestin.
† 18. IX. 1737.
G. 20. I. 1700 Katharina Elisabeth
von Lowtzow-Rensow.
(* 1673. † 19. XII. 1738.)
Königlich Dänischer Leutnant.
Auf Weitendorf gesessen.

XIII. 43. (2.) **Bernd Christoph.**
* 3. XI. 1701
zu Weitendorf.
† 15. XI. 1722
zu Christiania.

38a. (1a.) **Magdalena.**
* 1702 zu Weitendorf.
† 6. II. 1783
zu Malchow.
Domina daselbst.

38b. (1b.) **Dorothea
Juliana.**
† jung vor 1737.

38c. (1c.) **Anna
(Agnes) Dorothea.**
* um 1706
zu Weitendorf.
G. Georg Bernhard
von Armin
auf Rekentin
in Pommern.

38d. (1d.) **Friederike.**
* 1708 zu Weitendorf.
† nach 1778
zu Malchow.

d.
rocht

730
n Sp
Vess
Dasc
1747
geb.

chus
aft.
Kupp

	(iabe.	(8.) Johann
* 15.	* astin.	* 12. III. 1752
† 1	† 2	† 23. VII
		zu Güs
Elisa	vdorff	Auf Pr
au	:	und Lange

C
*

† 29.
C

18. September 1737. Die Ansprüche an Weitendorf gingen nun auf das Haus Stieten über und werden weiter unten erwähnt werden.

Hartwig Helmuth hatte 5 Kinder:

1. **Bernd Christoph**, geboren 3. Nov. 1701 (2).
2. **Magdalena**, 1702 zu Weitendorf geboren und im Kloster Malchow eingeschrieben, ist lange Klosterfräulein in Malchow gewesen und zuletzt noch 9 Jahre lang, seit dem 1. Februar 1774, Domina dieses Klosters, als welche sie am 6. Februar 1783 starb.
3. **Dorothea Juliana** ist jung, sicher aber vor ihrem Vater gestorben.
4. **Anna (Agnes) Dorothea** muss um 1706 zu Weitendorf geboren sein. Sie war mit Georg Bernhard von Arnim auf Rekentin bei Grimmen in Vorpommern verheiratet und hat Kinder hinterlassen.
5. **Friederike** wurde 1708 zu Weitendorf geboren und blieb unvermählt. Sie hielt sich in den letzten Jahren ihres Lebens bei ihrer Schwester in Malchow auf, wo sie in hohem Alter jedenfalls nach 1778 starb.

2. **Bernd Christoph,**

1701—1722 (v. G. 43),

wurde am 3. November 1701 zu Weitendorf geboren, ging als junger Mensch nach Norwegen, wo er am 15. November 1722 zu Christiania starb. Nach Familien-Ueberlieferung soll er auf der Jagd in Norwegen von Wölfen zerrissen sein.

Mit dem Tode Hartwig Helmuths, gestorben 1737, erlischt das Haus Weitendorf.

B. Haus Prestin.

1. **Bernd** Ulrich,

1669—1702 (v. G. 40),

war der dritte Sohn Bernds auf Prestin und seiner Gemahlin Anna Dorothea, geb. von Pressentin. Er wurde am 6. Mai 1669 zu Prestin geboren und am

16. desselben Monats getauft. Taufzeugen waren: Adolph Philipp von Oldenburg (Mutter Oheim), Magnus Friedrich von Barner, die alte Witwe von Barner, Eva Maria von Pressentin (Mutter Schwester), Barbara Ilse von Finecke (Vettersche).

Bernd war 7 Jahre Page am Hofe zu Strelitz, stand aber bereits im Jahre 1690 im Militärdienst bei der (Königlich Schwedischen) Bremenschen Kavallerie, wo er 1696 Cornet war und 1697 zum Leutnant befördert wurde. Im Jahre 1700 nahm er an dem Kriege gegen Dänemark teil und ging 1702 unter den siegreichen Fahnen Karls XII. von Schweden nach Polen, wo er am 20. Juli 1702 bei Punitz (jetzt im Preussischen Regierungs-Bezirk Posen im Kreise Gostyn) focht. Bald darauf wurde er mit 200 Mann zur Verteidigung eines Passes kommandiert und hierbei fand er mit der ganzen Mannschaft seinen Tod als Königlich Schwedischer Kapitän-Leutnant unter des Grafen Löwenhaupts Regiment. Wann er gefallen ist, steht nicht sicher fest, doch muss dies in der Zeit vom 27. Juli bis 1. August 1702 gewesen sein.

Bernd vermählte sich 1699 mit Magdalena von Brümmer, der am 2. Januar 1679 geborenen Tochter des Königlich Schwedischen Oberstleutnants Johann Wilhelm von Brümmer auf Drochtersen im Lande Kehdingen (im damals Schwedischen Herzogtum Bremen, jetzigen Preussischen Provinz Hannover) und der Anna Magdalena von Platen aus dem Hause Hörne. Nach dem Tode Bernds verheiratete sie sich zum zweiten Male, etwa 1723, mit dem verwitweten Grafen (Greven?) Niclas Christian Adler und starb, seit 1738 wieder Witwe, am 1. Mai 1757.

Bernd hinterliess zwei Kinder:

1. Bernd, geboren 15. November 1700 (2).
2. Johann Wilhelm, geboren 18. Februar 1702 (3).

2. **Bernd** Ulrich,
1700—1769 (v. G. 44),

der älteste Sohn Bernds, wurde am 15. November 1700 zu Drochtersen geboren, wo er auch mit seinem Bruder Johann Wilhelm seine Jugendzeit verlebte und von seiner Mutter sorgfältig erzogen wurde.

Weiteren Unterricht erhielten die Brüder in Stade und Hamburg in der Pension bei einem Franzosen, bis sie später das Gymnasium zu Bremen besuchten und auch in Rostock unterrichtet sein sollen. Bernds Grossvater, der alte Bernd von Pressentin, war inzwischen am 24. März 1709 gestorben. Dieser hatte letztwillig am 12. Januar 1700 verfügt, dass nach seinem Tode sein Lieblingssohn Bernd das Gut Prestin erhalten sollte. Bernd war nun, wie wir gesehen haben, 1702 gefallen und daher seine Söhne Bernd und Johann Wilhelm die Erben dieses Gutes. Die beiden Brüder — bevormundet durch ihren Oheim Hugo Christoph von Passow zu Radepohl — kamen anscheinend zu Weihnachten 1719 unangemeldet nach Prestin, fanden aber keine Aufnahme bei der Grossmutter, worauf sie ihren Aufenthalt auf der Pfarre nahmen. Sie kannten Hamburg und Bremen und waren wohl unterrichteter als ihre Oheime Hartwig Helmuth und Nicolaus Otto, sonst aber noch recht jugendlich und grün. Sie betrachteten und benahmen sich als die Herren von Prestin, während ihre Oheime ihre Berechtigung anzweifelten, und ihre Grossmutter als Erbtochter von Prestin im Besitze des Gutes war und Niessbrauchrechte auf dasselbe geltend machte. Doch erreichten sie es, dass die Grossmutter nach längerem Widerstreben und ungern ihnen den Besitz von Prestin am 23. Juli 1721 übergab, sich aber den Niessbrauch bis Trinitatis 1722 vorbehielt. So kamen die Brüder, nachdem sie sich am 14. Februar 1722 zu Güstrow mit ihren Oheimen auseinandergesetzt hatten, in den Besitz von Prestin. Im Jahre 1728 losten sie, wodurch Johann Wilhelm alleiniger Besitzer von Prestin wurde.

Bernd kaufte im Jahre 1730 von der Familie von Passow das im Ritterschaftlichen Amte Lübz gelegene Gut Daschow und 1732 einen Anteil von Kuppentin aus dem von Restorffschen Konkurse, später noch andere Teile, so dass ihm alsdann ganz Kuppentin gehörte. Seinen Wohnsitz hatte er in Daschow. In ritterschaftlichen Angelegenheiten thätig, wurde er zum Deputierten des Amtes Lübz (1745) erwählt und im Jahre 1755 zum Deputierten des Mecklenburgischen Kreises im Engeren Ausschuss der Ritter- und Landschaft. Dieses Amt bekleidete er nach jedesmaliger Wiederwahl bis an sein Lebensende. Er unterzeichnete den Landesgrundgesetzlichen Erbvergleich d. d. Rostock 18. April 1755, sowie die Gegenversicherungsakte d. d. Malchin 25. November 1755. Gestorben ist er im Juli 1769.

Vermählt war Bernd zweimal. Am 13. Juni 1730 verheiratete er sich mit Margareta Sophia, einer Tochter des Matthias von Sperling auf Wessin (Pfarrkirchdorf bei Crivitz) und der Hedwig Dorothea von Segebaden aus dem Hause Kasedorff. Margareta starb am 8. August 1746 zu Daschow bei der Geburt des zwölften Kindes, eines totgeborenen Knaben. In zweiter Ehe war Bernd seit dem 28. Juli 1747 mit Maria Elisabeth, geb. von Koppelow, verwitwete von Zieten, verheiratet. Diese war Hofmeisterin am Hofe zu Strelitz-Mirow, wo die Mutter und der Bruder des Herzogs Adolph Friedrich III. residierten. Doch blieb diese Ehe kinderlos.

Aus erster Ehe stammen:

1. Magdalena Elisabeth wurde, wie alle Kinder Bernds, zu Daschow geboren und zwar am 17. Oktober 1731. Sie ward am 21. Oktober desselben Jahres im Kloster Malchow eingeschrieben und lebte 1757/58 in Drochtersen bei ihrer Grossmutter. Dort soll sie sich später verheiratet haben, wohl schon 1758.
2. Hedwig Dorothea wurde am 15. Dezember 1732 geboren. Sie ist nicht verheiratet gewesen, lebte in Kuppentin und starb daselbst am 25. April 1820.
3. Maria Juliana, geboren am 30. März 1734, starb bereits am 24. April 1736.
4. Bernd Wilhelm, geboren 9. August 1735 (4).
5. Ilsabe Sophie, 1737 geboren, wurde am 6. März desselben Jahres getauft. Sie lebte unvermählt zu Kuppentin, wo sie am 10. Mai 1800 starb.
6. Marie Wilhelmine, am 19. März 1738 geboren, starb bereits am 16. Januar 1742 zu Daschow.
7. Georg Christoph, geboren 15. Juli 1739 (5).

Ka
von d
aus d
Li

Segeb
sedorf

Geor
au

8. **Margarete Friederike** wurde am 7. Juli 1740 geboren und starb nach 2 Jahren am 15. Mai 1742 zu Daschow.

9. **Katharina Johanna**, am 29. Mai 1742 geboren, vermählte sich mit Theodor Wilhelm Reimar Erdmann von Below (geboren 1741) auf Klein-Niendorf bei Lübz und starb am 1. April 1827 zu Kuppentin nach ihrem Manne.

10. **Bernd Ulrich**, geboren 13. Juni 1743 (6).

11. **Matthias Heinrich**, getauft am 14. April 1745 (7).

12. Totgeborener Knabe, geboren am 8. Aug. 1746.

---

3. Johann Wilhelm,
1702—1760 (v. G. 45),

wurde am 18. Februar 1702 zu Drochtersen geboren. Ueber seine Jugendzeit ist oben berichtet. In der Kabelung um Prestin erhielt er 1728 dieses Gut, wo er ein neues Wohnhaus zum Teil mit Steinen aus dem alten Burgverliess erbaute. Seine Hauptneigungen waren die Arbeiten für das Wohl des Vaterlandes. Seit 1755 Klosterhauptmann zu Malchow, arbeitete auch er am Landesvergleich und unterschrieb ebenso wie sein Bruder Bernd diesen Landesgrundgesetzlichen Erbvergleich vom 18. April 1755 zu Rostock, sowie die Gegenversicherungsakte vom 25. November 1755 zu Malchin. Er schrieb von ihm erbetene Monita über den Entwurf des Mecklenburgischen Lehnsrechtes und überreichte solche dem engeren Ausschuss unter dem 18. Juni 1758. Auch hat er sich eifrig um die Geschichte unseres Geschlechtes bemüht und die Familienereignisse bis etwa 1710 zusammengestellt. Neben seiner reichen wissenschaftlichen Thätigkeit hat er es jedoch auch verstanden, als guter Landwirt die Ertragfähigkeit des Gutes Prestin bedeutend zu heben, so dass er bei seinem Tode seinen Kindern das Gut schuldenfrei hinterlassen konnte.

Johann Wilhelm starb am 19. Februar 1760. Er war mit Katharina Magdalena Elisabeth von Dessin (Tochter des Hans Christian von Dessin auf Wamekow und der Magdalena Dorothea von Bülow) seit dem

13. Oktober 1741 vermählt. Sie war am 9. September 1719 geboren und starb am 21. April 1757 vor ihrem Manne. Beide schlafen den letzten Schlaf nebeneinander in der Kapelle zu Prestin und auf ihren Särgen stehen die Worte: „O Gott erfreue die Seelen dieser Leiber ewig vor Deinem Angesicht und wende Deine Barmherzigkeit auch von ihrem Staube nicht."

Dieser Ehe entstammen 11 Kinder, die alle zu Prestin geboren sind:

1. **Magdalena Dorothea**, in der Nacht vom 23./24. November 1742 geboren, wurde im Kloster Dobbertin unter Nr. 290 eingeschrieben. Am 29. Juni 1764 vermählte sie sich mit Otto Bernhard von Pressentin (St. Gr. K. 2.) und starb, nachdem sie am 27. März 1825 Witwe geworden war, in der Nacht vom 6./7. April 1836 zu Rostock.

2. **Elisabeth Sophie**, am 13. Februar 1744 geboren, wurde im Kloster Malchow unter Nr. 178 eingeschrieben. Sie vermählte sich im Dezember 1783 mit **Johann Dietrich Ludwig von Bülow** auf Sagsdorf und Kritzow und starb am 23. März 1815.

3. **Margaretha Christiana**, geboren am 28. August 1745, wurde im Kloster Ribnitz eingeschrieben. Am 3. September 1783 verheiratete sie sich mit dem Kammerherrn Anton Ulrich von Schack auf Wendorf als dessen zweite Gemahlin und starb am 9. August 1788.

4. **Maria Bernhardine**, geboren am 20. November 1746, heiratete am 10. Januar 1783 den Königlich Preussischen Regierungsrat Jobst Hinrich von Bülow (geb. 1701, † 1792) zu Küstrin und starb am 20. Juni 1830 zu Güstrow.

5. **Karoline Christiana**, am 5. Januar 1748 geboren, vermählte sich am 29. Oktober 1789 mit dem Kammerherrn Anton Ulrich von Schack auf Wendorf als dessen dritte Gemahlin. Sie starb, nachdem sie am 22. September 1822 ihren Gemahl durch den Tod verloren hatte, am 20. Juli 1825 zu Sternberg.

6. **Juliane Wilhelmine**, am 28. Oktober 1749 geboren, starb schon nach 2 Jahren am 8. September 1751 zu Prestin.

7. **Katharina Ilsabe**, geboren am 4. November 1750, wurde die Gemahlin des Obersten Gustav Christian Sigismund von Stralendorff auf Vogelsang (R. A. Bukow.) Dieser, im Jahre 1743 geboren, starb in Malchow und schläft den letzten Schlaf in Dobbertin. Katharina lebte 1808 in Stralsund und starb kinderlos etwa 1812 in Malchow. Auch sie ruht in Dobbertin von den Mühsalen des irdischen Lebens aus.

8. **Johann Wilhelm**, geboren 12. März 1752 (8).

9. **Hans Christian**, geboren 22. Juli 1753 (9).

10. **Bernd Ulrich**, geboren 10. Mai 1755 (10).

11. **Gödel Agnes**, im April 1757 geboren, starb bereits nach 14 Tagen.

8. Johann Wilhelm,
1752—1812,

wurde am 12. März 1752 zu Prestin geboren. Erzogen auf dem Pädagogium zu Bützow, studierte er später daselbst (immatrikuliert 30. Januar 1769) und in Leipzig. Als einziger Sohn, welcher seinen Vater überlebte, fiel ihm Prestin zu, als er noch minderjährig war. Seine Vormünder waren sein Vaterbruder Bernd auf Daschow und sein Mutterbruder Gerdt Karl von Dessin auf Wamekow. Von letzterem erbte er im Jahre 1791 das Allodial-Gut Langenbrütz (R. A. Schwerin), welches er für 65000 Reichsthaler annehmen musste.

Johann Wilhelm hatte Verstand und Talent, doch lebte er unverheiratet, unglücklich, kränklich und verkümmerte sich sein ganzes Leben, bis er endlich, ohne rechten Frieden genossen zu haben, am 23. Juli 1812 zu Güstrow starb.

Johann Wilhelm hinterliess lachende Erben, zwar flossen ihm wehmutsvolle Thränen aus guten edlen Herzen seiner Verwandten, aber keine Thräne der Liebe, denn sein verdriesslich, widerliches Wesen hatte nie Freude um ihn verbreitet, wenngleich man doch

nicht sagen kann, dass er ohne Verdienste war. Zu
Erben seines Allodial-Nachlasses (er hinterliess nämlich die Güter Prestin und Langenbrütz nebst
20000 Thaler in barem Gelde) setzte er seine 10 Ge-
schwister-Kinder zu gleichen Teilen ein. Das Lehngut
Prestin erhielt sein Vaterbrudersohn Bernd Ulrich (6)
auf Daschow, der den Allodialerben vergleichsmässig
20000 Thaler auszahlte. Das Gut Langenbrütz verblieb, nach Abfindung der übrigen Erben, 1824 dem
Miterben Regierungsrat Johann Wilhelm von Schack
zu Schwerin.

9. Hans Christian,
1753—1754,

am 22. Juli 1753 zu Prestin geboren, starb daselbst
am 22. März 1754.

10. Bernd Ulrich,
1755—1758,

am 10. Mai 1755 zu Prestin geboren, starb schon nach
3 Jahren am 10. Mai 1758.

---

4. Bernd Wilhelm,
1735—1736,

der älteste Sohn Bernd Ulrichs (2) auf Daschow und
der Margaretha Sophia von Sperling, wurde am 9. August
1735 zu Daschow geboren und am 11. August getauft.
Er starb jedoch schon am 8. Mai 1736 zu Daschow.

5. Georg (Jürgen) Christoph,
1739—1802,

am 15. Juli 1739 zu Daschow geboren, trat in Herzoglich Braunschweigische Militärdienste und bewies sich
im siebenjährigen Kriege 1756—1763 als tüchtiger
Offizier, nahm jedoch als Hauptmann seinen Abschied
vor 1768. Nach dem Tode seines Vaters fielen
ihm die Güter Daschow und Kuppentin zu, von denen
er 1769 Besitz nahm und Kuppentin später durch
Ankauf vergrösserte. Er wurde zum Provisor des
Klosters Malchow erwählt, welches Amt er noch im
Jahre 1796 inne hatte. Fast 63 Jahre alt, starb er

am 16. Mai 1802 zu Daschow. Seine Gemahlin
Elisabeth von Mecklenburg, * 9. XI. 1739, ✝ 22. IX. 1794
(eine Tochter Karl Ludwigs von Mecklenburg auf
Zibühl und der Wilhelmine Juliane von Plessen aus
dem Hause Cambs), mit der er sich um 1770 vermählt
hatte, schenkte ihm drei Töchter:

1. Wilhelmine Juliane Dorothea wurde im
   Januar 1775 in Daschow, wo ihre Schwestern
   ebenfalls das Licht der Welt erblickten, geboren und am 24. Januar 1775 im Kloster
   Dobbertin unter Nr. 555 eingeschrieben. Sie
   vermählte sich am 10. Februar 1797, wohl zu
   Daschow, mit Gustav Georg von Hartwig,
   Leutnant im Winterschen Grenadier-Regiment
   zu Parchim (Sohn des verstorbenen Kur-Han-
   növerschen Leutnants Christian Ludwig von
   Hartwig). Wilhelmine starb am 22. September
   1822 zu Röbel. Sie hatte als Lehnsjungfrau
   Daschow erhalten und erwarb das Gut von
   ihrem Oheim Bernd Ulrich (6) im Jahre 1805.
   Ihr Ehemann erhielt im Jahre 1808 den Lehns-
   brief für Daschow.

2. Charlotte Friederike (Sophie), im Februar
   1776 geboren, wurde im Kloster Malchow
   unter Nr. 341 eingeschrieben. Sie vermählte
   sich in erster Ehe mit Nicolaus Wilhelm
   Samuel Ferdinand von Freyburg aus dem
   Hause Passow, der, am 20. August 1771 geboren, am 21. August 1807 zu Kuppentin
   starb. Am 18. Juni 1811 verheiratete sich Charlotte zum zweiten Male mit dem Dr. August
   Dietrich Bade. Sie starb jedoch schon am
   25. November 1812 zu Kuppentin und hatte
   als Lehnsjungfrau Kuppentin erhalten. Das
   Gut selbst erwarb sie von ihrem Oheim Bernd
   Ulrich im Jahre 1805, und nahm ihr Gemahl
   im Jahre 1806 das Gut als Lehnsmann an.

3. Christine Henriette Johanna, im April
   1781 geboren und am 23. desselben Monats
   getauft, starb am 25. Januar 1792 zu Daschow.

Mit dieser Generation hören die Beziehungen der
Familie von Pressentin zu Daschow und Kuppentin

auf. Daschow ist bisher in von Hartwigschem Besitz geblieben. Kuppentin wurde 1821 von den Erben der Charlotte geb. von Pressentin an Helmuth von Blücher verkauft und noch heute (1899) ist das Gut im Besitz dieser Familie.

6. Bernd Ulrich,
1743—1816 (v. G. 55),

wurde am 13. Juni 1743 zu Daschow geboren. Er trat in Herzoglich Mecklenburg-Schwerinsche Militärdienste, wo er bei dem Regiment von Both stand. Doch bereits als Hauptmann nahm er seinen Abschied und widmete sich von nun ab der Landwirtschaft. Er hatte verschiedene Güter in Pacht, wohnte zuerst in Rüggow bei Wismar, dann zu Ventschow bei Wismar, später in Goldberg bei Bukow und darauf zu Schlesin bei Dömitz. Im Jahre 1812 fiel ihm als nächstem Lehnsvetter das Gut Prestin zu, welches nun dauernd sein Wohnsitz wurde. Nach dem 1802 erfolgten Tode seines Bruders Georg (5) hatten sich auch die Lehnsrechte von Daschow und Kuppentin auf ihn vererbt, während die beiden Erbtöchter den Niessbrauch hatten. Diesen veräusserte er seine Lehnsrechte, da er bei einer zahlreichen Familie sich in keiner glänzenden Vermögenslage befand. Er starb am 17. April 1816 zu Prestin.

Bernd vermählte sich 1773 mit Emerentia Amalia Dorothea von Grabow aus dem Hause Kassow, Tochter Jürgen Heinrichs von Grabow auf Kassow und der Emerentia von Both. Sie war am 4. Juni 1743 geboren und starb als Witwe am 31. August 1826 zu Sternberg. Dieser Ehe entstammen fünf Kinder:

1. Emerentia Christiana Susanna wurde am 8. Januar 1776 zu Rüggow geboren und im Kloster Dobbertin unter Nr. 561 eingeschrieben. Sie war Konventualin dieses Klosters und starb daselbst am 25. März 1863.
2. Karl Matthias Friedrich, geboren 14. Mai 1778 (11).
3. Friedrich Wilhelm Otto, geboren im September 1780 (12).

4. **Joachim Ludwig Wilhelm**, geboren 1782 (13).

5. **Adolph Barthold Georg**, geboren 27. Februar 1785 (14).

7. **Matthias** Heinrich,

1745—1783 (v. G. 56),

jüngster Sohn von Bernd (2) und seiner Gemahlin Margareta Sophia von Sperling wurde im April 1745 zu Daschow geboren und am 14. April getauft. Er trat in Königlich Preussische Militärdienste und stand beim Regiment Herzog von Bevern. Im Sommer 1783 starb er als Premierleutnant in Stettin am Schlagfluss vor der Front der Kompagnie, unvermählt.

11. **Karl** Matthias Friedrich,

1778—1811,

der älteste Sohn Bernd Ulrichs (6) erblickte am 14. Mai 1778 zu Rüggow, Kirchspiel Hornstorf bei Wismar, das Licht der Welt. Er war Page am Mecklenburg-Schwerinschen Hofe und trat dann beim Leib-Grenadier-Regiment als Junker ein, wo er auch Sekondleutnant wurde. Im Jahre 1808 war Karl Premierleutnant im 2. Kontingents-Bataillon und starb im Jahre 1811, doch ist Ort und Datum nicht bekannt geworden.

12. **Friedrich** Wilhelm Otto,

1780—1842,

wurde im September 1780 zu Rüggow geboren. Auch er war Page am Hofe zu Schwerin, trat aber dann in Königlich Preussische Militärdienste und stand als Leutnant im Regiment Zenge zu Frankfurt a. O. Im Jahre 1807 ging er in Württembergische, darauf in Badische Dienste. Zuletzt stand er bei den Hanseaten. Nach dem Feldzuge 1813 - 1815 nahm er als Hauptmann seinen Abschied und zog nach Sternberg, wo er am 27. April 1842 unverheiratet am Schlagfluss starb.

5*

13. **Joachim** Ludwig Wilhelm,

1782—1853,

zu Ventschow 1782 geboren, war Page am Hofe zu
Schwerin und ward darauf Fähnrich beim Königlich
Preussischen Regiment Grawert in Glatz, doch nahm
er schon vor 1812 als Leutnant seinen Abschied.
Er zog nach Crivitz und lebte dort von seinen Zinsen,
bis er am 8. Juni 1853 daselbst unvermählt starb.

14. **Adolph** Barthold Georg,

1785—1864,

am 27. Februar 1785 zu Ventschow, Kirchspiel Hohen-
Viecheln, geboren, war wie seine Brüder Page am
Hofe zu Schwerin, worauf er in das Preussische Heer
eintrat und Fähnrich beim Regiment Puttkammer
in Brandenburg wurde. Im Jahre 1806 machte er
die Schlacht bei Jena mit, trat aber dann in Mecklenburgische Dienste, wo er 1807 als Sekondleutnant
im 2. Kontingents-Bataillon genannt wird. Im Jahre
1809 bei der Uebergabe Rostocks an den Major
von Schill, stand er als Adjutant in dieser Stadt,
nahm jedoch etwa 1812 seinen Abschied und erwarb
das im Kreise Franzburg, 1½ Meilen nordwestlich
von Stralsund, belegene Rittergut Alten-Pleen. Später
wurde er zum Hauptmann ernannt.

Nach dem Tode seines Vaters 1816 erhielt er
bei der Erbteilung am 25. Mai 1816 das Gut Prestin,
welches er für 50000 Rthlr. N. ⅔ annahm, jedoch
erst 1823 bezog, nachdem er Alten-Pleen verkauft
hatte. 1837 war er in Lehnschrendiensten nach Ludwigslust mit anderen der Ritterschaft entboten, um
die sterbliche Hülle des Grossherzogs Friedrich Franz I.
zu tragen. Im Jahre 1861 war er Deputierter des
Ritterschaftlichen Amts Sternberg. Adolph starb am
29. Dezember 1864 zu Wismar, wohin er 1858 gezogen
war, nachdem er zu Johannis das Gut Prestin verpachtet hatte.

Das von ihm hinterlassene — seit vorgeschicht-
licher Zeit im Besitze des Geschlechts befindliche —
Stamm- und Lehngut Prestin m. Z. Wilhelmshof
(früher Hörnebeck) und Sparower Mühle, 1766 ver-
messen zu 666 130 Mecklenburgischen ☐ Ruthen
(1444,1 ha) 6¼ Hufen 52⅗/₃₂ Scheffel (worunter 578

bonitierte Fuder Wiesen und 117 ha Eichen-, Buchen-
usw. Wald) bis Johannis 1872 verpachtet für 37 688 Mark,
wurde nach Abfindung der übrigen Lehnserben von
den Söhnen, Oberstleutnant Karl in Schwerin, Major
Eduard in Parchim und Enkeln, Amts-Auditor Adolph
in Schwerin und (Vormundschaft des minderjährigen)
Landmann Bernhard — unter Ausbescheidung der
von Pressentin'schen Begräbniskapelle — am 14. Juni
1872 für 735 300 Mark (nachdem am 8. Mai nur
691 800 Mark geboten waren) freihändig an den
Geheimen Kommerzienrat Joh. Chrn. Thormann zu
Wismar verkauft. Ueberlieferung im Johannis-Termin
1872. In dem am 18. Oktober 1872 vor dem Grossherzoglichen Justiz-Ministerium abgehaltenen Termine
wurden von keinem Agnaten Lehnsansprüche (Vor-
kaufsrecht) angemeldet.

Adolph war zweimal verheiratet. In erster Ehe
vermählte er sich am 25. März 1813 mit Charlotte
Hedwig Johanna Schlüter aus Stralsund, die, am
18. April 1792 geboren, am 8. Dezember 1839 zu
Prestin starb. Mit seiner zweiten Gemahlin Luise
Katharine von Bülow, Tochter des Major Gottlieb
Friedrich von Bülow auf Wamckow und der Johanna
Wilhelmine von Pressentin a. d. H. Stieten-Gross-
Kussewitz, war Adolph seit dem 4. November 1840
vermählt. Sie war am 13. Juni 1805 geboren, starb
am 11. Februar 1884 zu Schwerin und ist in Prestin
beigesetzt worden. Aus beiden Ehen stammen Kinder,
aus der ersten 9, aus der zweiten 2.

Kinder erster Ehe:

1. Adolph, geb. 4. März 1814 (15).
2. Bernhard, geb. 18. Oktober 1815 (16).
3. Karl, geb. 20. April 1817 (17).
4. Albert, geb. 9. November 1818 (18).
5. Klara Charlotte Dorothea Antonie, am 20.
   März 1820 zu Alten-Pleen geboren, starb am
   22. November 1833 zu Prestin, wo sie im
   dortigen Erbbegräbnis beigesetzt ist.
6. Rudolph, geb. 16. Februar 1822 (19).
7. Eduard, geb. 25. November 1823 (20).
8. Adelheit Emma Friederike, am 31. Oktober
   1826 zu Prestin geboren, vermählte sich am

18. November 1853 mit Marcus Konrad Ludwig von Heise-Rotenburg auf Poppendorf, (Sohn Ludwigs von Heise-Rotenburg). Nach dem Verkauf von Poppendorf zogen sie nach Rostock und später nach Warnemünde. Marcus war am 11. Januar 1817 geboren und starb am 1. März 1897 zu Warnemünde und 16 Tage später, am 17. März, folgte ihm auch seine Gemahlin in die Ewigkeit.

9. Emma, am 6. Juni 1829 zu Prestin geboren, wurde am 13. August 1858 die Gemahlin des Major und Landrat Heinrich Franz von Barner auf Bülow. Sie starb am 21. März 1861 zu Bülow und in demselben Jahre, am 22. Juli, verschied auch ihr Gemahl.

Aus zweiter Ehe stammen:

10. Johanna Emerentia Magdalena Luise, geboren am 14. August 1841 zu Prestin, wurde im Kloster Dobbertin unter Nr. 1223 eingeschrieben. Sie vermählte sich am 24. Mai 1859 mit dem damaligen Leutnant Fritz von Schuckmann aus dem Hause Viecheln, der später als Major in Königsberg i/Pr. stand, als Oberstleutnant seinen Abschied nahm und dann nacheinander in Danzig, Köslin, Neustrelitz und Rostock wohnte. Seit 1892 lebt er mit seiner Familie in Berlin.

11. Richard, geb. 5. Mai 1843 (21).

15. **Adolph** Gustav Barthold Georg, 1814—1879,

am 4. März 1814 zu Alten-Pleen geboren, widmete sich der Forstwirtschaft und bereitete sich in dem Privatinstitut des Oberförsters Garthe zu Remplin auf die Akademie vor. Er studierte darauf 1835 Jagd und Forstwissenschaft zu Neustadt-Eberswalde und erstand im Jahre 1838 das Gut Vorwerk bei Lassan in Vorpommern, welches er jedoch 1844 wieder verkaufte. Dafür erwarb er 1846 das Gut Gr.-Lüsewitz c. p. im Ritterschaftlichen Amt Ribnitz und gründete aus Teilen daraus das Hauptgut Kl.-Lüsewitz. Doch verkaufte er 1853 seine Besitzungen und siedelte nach Rostock über, wo er am 5. Mai 1879 aus dieser Welt abgerufen wurde.

Adolph war seit dem 10. Juli 1841 mit Friederike Pogge, Tochter des Senator Pogge zu Greifswald vermählt, welche, am 12. September 1822 geboren, am 11. September 1857 zu Rostock starb. Dieser Ehe entstammen 4 Kinder:

1. Klara Luise Charlotte Friederike Adolphine, am 17. Mai 1842 zu Vorwerk bei Lassan geboren, ist Hausdame zu Marlow.
2. Adolph, geb. 5. Oktober 1849 (22).
3. Max, geb. 30. Dezember 1851 (23).
4. Ernst, geb. 8. Dezember 1853 (24).

22. Adolph Bernhard Christian Ludwig Adelbert Emanuel,

1849—1891,

wurde am 5. Oktober 1849 zu Rostock geboren. Er besuchte das Gymnasium daselbst, welches er im Jahre 1868 mit dem Zeugnis der Reife für die Universität verliess. Doch widmete er sich dem Militärdienste und stand 1877 als Regimentsadjutant in Metz. 1885 war er Hauptmann im 6. Badischen Infanterie-Regiment Nr. 114 in Mülhausen i. E. und ein Jahr lang Kompagniechef einer Kompagnie dieses Regimentes auf der Burg Hohenzollern. Von 1886 ab stand er in Konstanz, bis er 1890 seinen Abschied nahm und nach Säckingen zog, wo er am 13. September 1891 unverheiratet starb.

23. Max Karl Wilhelm Bernhard Emil Heinrich Johannes,

am 30. Dezember 1851 zu Gross-Lüsewitz geboren, erhielt seinen ersten Unterricht im elterlichen Hause. Dann besuchte er das Gymnasium zu Rostock, das er nach einjährigem Aufenthalt in Prima Ostern 1871 verliess, um sich dem Kaufmannsstande zu widmen. Seiner Dienstpflicht genügte er beim Grossherzoglich Mecklenburgischen Füsilier-Regiment Nr. 90 im Jahre 1871—1872 und machte dann seine kaufmännische Lehrzeit in Rostock durch. Von dort ging er nach

Stralsund und im Herbst 1876 ins Ausland, wo er in Antwerpen und Brügge in Stellung war. Im Jahre 1879 kam er nach Reval, wo er jetzt lebt und die Stelle eines Buchhalters bei der Speditionsfirma des Konsul Karl F. Gahlnbäck bekleidet. Am 19. Oktober 1883 verheiratete er sich in Arensburg auf der Insel Oesel mit Julie Grube. Sie ist die zweite Tochter des Kaufmann Karl Friedrich Bernhard Grube (geb. 21. August 1833 zu Arensburg) und der Olga, geb. Beeck (geb. zu Weissenstein in Esthland). Julie ist am 13. August 1863 zu Arensburg geboren und gehört der griechisch-orthodoxen Konfession an. Dieser Ehe entstammen 5 Kinder, die alle lutherisch getauft und in Reval geboren sind.

1. Erwin Georg Karl Adolph, geb. 12. August 1884 (33).
2. Ernst Georg Rudolph Erich, geb. 1. Februar 1886 (34).
3. Max Georg Woldemar Hans, geb. 8. August 1888 (35).
4. Margarete Marie Karin, geb. 10. November 1893.
5. Julie Elisabeth Klara, geb. 22. November 1895.

24. **Ernst** Hermann Theodor Karl Marcus, wurde am 8. Dezember 1853 zu Rostock geboren und im Kadettenkorps erzogen, welches er am 18. Oktober 1871 als charakterisierter Portepee-Fähnrich im Infanterie-Regiment Grossherzog Friedrich Franz II. (4. Brandenburgisches) Nr. 24 verliess. Am 11. Juni 1872 wurde er Portepee-Fähnrich und am 16. Oktober 1873 zum Sekondleutnant in diesem Regiment ernannt. Vom 1. Januar 1877 ab war er Bataillonsadjutant und darauf vom 9. September 1881 Adjutant des Regiments. Zwei Jahre später, am 11. September 1883, wurde er zum Premierleutnant befördert und als solcher am 15. Oktober 1885 zum Adjutanten der 37. Infanterie-Brigade in Oldenburg ernannt. In dieser Stellung wurde er am 19. September 1888 à la suite des 1. Thüringischen Infanterie-Regiments Nr. 31 gestellt und am 13. Dezember desselben Jahres zum überzähligen Hauptmann befördret. Am 22. März 1889

zum Chef der 1. Kompagnie des Regiments ernannt, wurde er am 22. März 1891 mit einem Patent vom 13. Dezember 1887 in das Grenadier-Regiment Nr. 2 nach Stettin versetzt. Der 14. September 1893 brachte ihm die Ernennung zum Adjutanten der 9. Division in Glogau, was er auch nach seiner Beförderung zum Major am 15. November 1894 unter gleichzeitiger Versetzung in das Infanterie-Regiment Nr. 58 blieb. Zum Bataillonskommandeur im Königs-Grenadier-Regiment Nr. 7 in Liegnitz ernannt, kam er am 22. März 1897 in gleicher Stellung in das neu gegründete Infanterie-Regiment Nr. 154, welches jetzt in Jauer steht, dem er als Kommandeur des II. Bataillons angehört. Er ist Inhaber des Königlich Preussischen Roten-Adler-Ordens 4. Klasse, des Dienstauszeichnungs-kreuzes, der Erinnerungsmedaille und des Ritter-kreuzes 2. Klasse des Grossherzoglich Oldenburgischen Haus- und Verdienstordens des Herzogs Peter Friedrich Ludwig.

Ernst verheiratete sich am 19. September 1889 mit seiner Kousine Emma Karoline Friederike von Heise-Rotenburg, jüngsten Tochter des Marcus von Heise-Rotenburg auf Poppendorf und der Adelheit, geb. von Pressentin. Ihm sind 2 Kinder geboren:

1. Hans Henning, geb. 18. Juni 1890 zu Altona a. Elbe (36).
2. Olga Friederike Adelheit Emma, geb. 12. Februar 1898 zu Liegnitz.

---

16. **Bernhard** Wilhelm Georg Karl,

1815—1869,

zu Alten-Pleen am 18. Oktober 1815 geboren, trat in Mecklenburg-Schwerinsche Militärdienste, wo er am 2. Juni 1835 zum Sekondleutnant, am 1. April 1844 Premierleutnant und am 17. Juli 1849 zum Hauptmann befördert wurde. Seine Garnison war meistens Schwerin, doch stand er auch kurze Zeit in Wismar. Der 5. Mai 1860 brachte seine Beförderung zum Major. Doch nahm er, nachdem er im Mai 1865 Oberstleutnant geworden war, im März 1866 seinen Abschied und lebte von nun an dauernd in Schwerin,

wo er am 7. Februar 1869 starb und auf dem dortigen
Friedhofe bis zur Auferstehung schläft. Er vermählte
sich am 14. Juni 1844 zu Dömitz mit Dorothea
Magdalena Sophie von Bülow, der am 3.
April 1823 zu Sternberg geborenen Tochter des Drosten Johann
Wilhelm Ludwig von Bülow zu Dömitz und der
Margarete von Bülow a. d. H. Tessin-Kuhlen,
Urenkelin von Otto Bernhard auf Gross-Kussewitz
(St. Gr.-K. 2) durch seine Tochter Johanna Wilhelmine.
Bernhard hinterliess 2 Söhne:

1. Adolph, geb. 14. Juli 1845 (25).
2. Bernhard, geb. 30. Oktober 1849 (26).

25. **Adolph** Albert Bernhard (Hans) Wilhelm,
am 14. Juli 1845 zu Schwerin geboren, besuchte von
seinem 8. Jahre ab das Gymnasium zu Schwerin,
welches er mit dem Zeugnis der akademischen Reife
im Jahre 1864 verliess. Er studierte nun in Heidelberg und Göttingen, begab sich dann auf die Universität nach Rostock, wo er sich, Jura und Cameralia
studierend, bis zum Oktober 1868 aufhielt. Im
Oktober des nächsten Jahres bestand er das Advokaten-
Examen und wurde noch im Dezember 1869 als
Amtsauditor in Schwerin angestellt. Das Richter-
Examen legte er im November 1872 ab, worauf ihm
das beamtliche Votum verliehen wurde. Zum Amtsverwalter am 12. Dezember 1874 ernannt, wurde
Adolph vom 1. Januar 1875 Distriktsbeamter und
Chef des Zentralbureaus der Grossherzoglichen Haus-
haltsverwaltung zu Schwerin. Vom 4. Oktober 1881
ab bekleidete er das Amt des Landrentmeisters und
Vorstandes der Renterei. Er war im geschäfts-
führenden Ausschuss der Landes-Gewerbe- und In-
dustrie-Ausstellung von 1883 und hatte die Ehre, die
Frau Grossherzogin Alexandrine herumzuführen, als
hochdieselbe diese Ausstellung besichtigte. Auch in
der Kommission für das Denkmal des hochseligen
Grossherzogs Friedrich Franz II. war er 1885
als Schatzmeister thätig, und zeichnete sich 1888
bei den Elbüberschwemmungen als landesherrlicher
Kommissar aus. Am 1. April 1891 trat er als
Ministerialrat in das Grossherzogliche Ministerium

des Innern und erhielt am 19. März 1895 den Charakter eines Geheimen Ministerialrates. Seit dem 1. Oktober 1896 ist er Staatsrat und Vorstand des Finanzministerium in Schwerin. Er ist Ritter des Königlich Preussischen Roten Adler-Ordens 2. Klasse und des Grossherzoglich Mecklenburgischen Hausordens der Wendischen Krone, sowie Inhaber der Ehrenmedaille für opferwillige Hülfe in Wassersnot. Am 9. April 1899 ist ihm das Prädikat Exzellenz verliehen.

Zwar ist es ihm nicht vergönnt gewesen, in den Reihen der Krieger im Kriege 1870—71 gegen Frankreich mitzufechten, doch warer Ueberbringer von Liebesgaben an die im Felde stehenden Mecklenburger.

Adolph ist seit dem 12. Mai 1874 mit Klara Luise Charlotte Henriette Flügge, der am 13. August 1853 zu Schwerin geborenen Tochter des Geheimen Kabinetsrat Flügge zu Schwerin und dessen Gemahlin Alwine, geb. Böcler verheiratet. Dieser Ehe sind 5 Kinder entsprossen, die in Schwerin geboren sind:

1. Kurt Ludwig, geb. 27. Juni 1875 (37).
2. Anna Alwine Adelheit Wilhelmine Berta, geb. 18. August 1876.
3. Klara Hilda Julie Friederike Hella, geb. 26. Oktober 1877.
4. Margarete Luise Anna, geb. 23. November 1878.
5. Adolph Bernhard Johann Ludwig, geb. 27. Januar 1885 (38).

37. Kurt Ludwig Karl Gottlieb,

zu Schwerin am 27. Juni 1875 geboren, besuchte das dortige Gymnasium, welches er nach bestandenem Abiturientenexamen am 2. März 1894 verliess. Er studierte in Heidelberg Jura und war bei dem dortigen Korps Vandalia aktiv. Im Jahre 1896 ging er auf die Universität nach Rostock und 1898 als cand. juris nach Schwerin.

26. Bernhard Adolph Karl Heinrich Ludwig Wilhelm,

am 30. Oktober 1849 zu Schwerin geboren, widmete sich der Landwirtschaft und war im Jahre 1877 in

Bassendorf a. d. Trebel in Stellung. Er pachtete
1878 das Gut Sissow bei Poseritz auf der Insel
Rügen, wo er bis zum Jahre 1886 wohnte und dann
nach Berlin zog.

Er wurde, nachdem er seiner Dienstpflicht genügt
hatte, am 24. Oktober 1877 Sekondleutnant der Reserve
im Grossherzogl. Mecklenburgischen Jäger-Bataillon
Nr. 14 und am 28. Juli 1887 zum Premierleutnant
befördert. Am 23. April 1893 nahm er seinen Abschied,
bei welcher Gelegenheit er den Charakter als Hauptmann mit der Landwehr-Armee-Uniform erhielt. Seit
1893 ist er Ober-Verwalter der Berliner Stadtgüter
mit dem Wohnsitze in Sputendorf.

Bernhard vermählte sich am 12. Juli 1878 zu
Putbus auf Rügen mit Hilda von Mühlenfels, der
am 10. Mai 1854 zu Neuhof bei Ribnitz geborenen
Tochter des Friedrich Wilhelm Christian von Mühlenfels, Gutspächters zu Posewald (geb. 13. April 1819
zu Grimmen), und der Angelika Melms (geb. 21. Februar 1822 zu Wöpkendorf, † 16. Januar 1886 zu
Altfähr auf Rügen). Aus dieser Ehe stammen drei
Kinder:

1. Axel Adolph Friedrich Karl Theodor Gottlieb,
   geb. 5. November 1879 zu Sissow (39).

2. Reimar Ernst Arnold Karl Theodor, geb.
   19. Juni 1882 zu Sissow (40).

3. Hilda Angelika Klara Marie Elisabeth Karoline
   wurde am 18. Juli 1885 zu Sissow geboren,
   doch starb sie schon am 16. Mai 1887 zu
   Berlin.

17. **Karl** Hugo Albert (Albrecht) Friedrich,
1817—1877,

zu Alten-Pleen am 20. April 1817 geboren, trat in
Mecklenburg-Schwerinsche Militärdienste, wo er am
1. Dezember 1838 Sekondleutnant und am 1. November
1847 Premierleutnant wurde. Er nahm 1849 an dem
Feldzuge in Baden teil und erhielt am 26. Oktober 1851
seine Ernennung zum Hauptmann. Zuerst stand er
in Schwerin, später in Rostock. Am 5. Oktober 1860

kam er wiederum nach Schwerin als Platzmajor, wo
er am 21. Februar 1861 den Charakter als Major und
später als Oberstleutnant erhielt. 1870 war er als
Präses der Lazarettkommission zur Pflege verwundeter
Krieger thätig und wurde 1871 in den Verband der
Königlich Preussischen Armee aufgenommen. Plötzlich
und unerwartet starb er am 25. Januar 1877 zu
Schwerin. Er war Inhaber des Ritterkreuzes der
Wendischen Krone und der Badischen Gedächtnis-
medaille.

Karl vermählte sich am 11. Januar 1850 mit
Henriette Magdalene Juliane von Blücher, der
jüngsten Tochter Heinrich Christians von Blücher [1])
auf Wietow und dessen Gemahlin Margarete Katharine
von Ferber. Henriette, am 22. August 1818 geboren,
starb am 28. November 1870 zu Schwerin und
hinterliess ihrem Manne zwei Kinder:

1. Karl, geb. 1. November 1850 (27).
2. Luise Friederike Charlotte Kornelia, am
   29. September 1854 zu Rostock geboren, lebt
   unvermählt in Schwerin.

27. Karl Adolph Bernhard Eduard Heinrich Hermann,

wurde am 1. November 1850 zu Wismar geboren.
Er widmete sich der Landwirthscaft und hielt sich
bei seinem Oheim von Blücher auf Wietow bei
Wismar bis zu dessen 1879 erfolgtem Tode auf, mit
welchem Wietow heimfiel. Im Jahre 1881 kaufte er
für 318 000 Mark das Gut Klein-Nienhagen bei Gerds-
hagen in Mecklenburg, doch hat er dasselbe im August
1899 für 334 000 Mark an Herrn Hallo von Cannen-
burg aus Koburg verkauft.

Karl verheiratete sich am 18. Oktober 1881 zu
Schwerin mit Luise Maria Henriette Leopoldine von
Plessen, der am 16. September 1856 zu Rostock ge-
borenen jüngsten Tochter des Alexander von Plessen

---

[1]) Heinrich von Blücher auf Wietow (geb. 23. Juni 1786 zu
Wietow, † daselbst 3. März 1836), hatte 5 Kinder. Seine Ge-
mahlin Margarete von Ferber war die Tochter des Friedrich
August von Ferber auf Melz und der Gottliebe von Müller aus
Stavenhagen. Sie war am 5. Dezember 1781 zu Melz geboren.

auf Friedrichswalde († 5. VII. 1869) und dessen Gemahlin Friederike du Puits († 30. XI. 1884).

Karl sind zu Klein-Nienhagen drei Töchter geboren:

1. **Karola** Luise Friederike Leopoldine Adelheit, am 15. August 1882 geboren, wurde im Kloster Dobbertin unter Nr. 1724 eingeschrieben.

2. **Alice** Henriette Alexandra Dorothea, geboren am 19. April 1884, ist im Kloster Malchow unter Nr. 1039 eingeschrieben.

3. **Erika** Julia Eduarda, wurde am 19. April 1884 geboren. Sie ist eingeschrieben im Kloster Ribnitz unter Nr. 256.

18. **Albert** Ulrich Ludwig Leopold,

1818—1819,

erblickte zu Alten-Pleen am 9. November 1818 das Licht der Welt. Doch starb er schon am 17. August 1819 daselbst. Er ist in Prestin beigesetzt.

19. **Rudolph** Leopold Ulrich Otto,

1822—1895,

zu Alten-Pleen am 16. Februar 1822 geboren, ergriff den Beruf eines Landwirtes. Er kaufte im Jahre 1856 das im Kreise Grimmen in Neu-Vorpommern belegene Gut Windebrak mit Anteil in Abshagen. Im Jahre 1877 entäusserte er sich dieses Gutes und zog nach Greifswald. Doch siedelte er bald darauf nach Eldena bei Greifswald über, wo er am 30. November 1895 die Augen für immer schloss und dort bis zur Auferstehung schläft.

Seine Gemahlin, mit der er sich am 21. Juni 1856 vermählte und die jetzt mit ihren Töchtern in Eldena lebt, war Charlotte Juliane Friederike von Plessen a. d. H. Nepersdorf, die am 6. November 1829 geborene Tochter des Gutsbesitzers Friedrich Wilhelm Heinrich von Plessen auf Nepersdorf (geb. 10. Juli 1795 zu Stuttgart, † 7. Dezember 1856 zu Nepersdorf) und dessen Gemahlin Julie Friederike von Behr (geb. 27. August 1798 zu Greese, † 7. Juni 1877 zu Wismar).

In Windebrak wurden Rudolph 6 Kinder geboren:
1. Charlotte Juliane Emerentia Johanna, geb. am 14. April 1857.
2. Hugo, geb. 14. März 1859 (28).
3. Emma, am 1. August 1862 geboren, starb am 12. Januar 1865.
4. Fritz, geb. 3. Mai 1864 (29).
5. Anna Friederike Dorothea Alexandrine, geb. am 29. März 1866.
6. Rudolph, geb. 22. August 1870 (30).

28. Hugo Kuno Ulrich Otto,

der älteste Sohn Rudolphs wurde am 14. März 1859 geboren. Er trat in das Kadettenkorps in Potsdam ein, welches er jedoch wegen einer erlittenen Körperbeschädigung wieder verlassen musste und widmete sich nun der Landwirtschaft. Er hatte verschiedene Stellungen. Im Jahre 1885 war er in Kriesow bei Borgfeld in Mecklenburg, 1886 in Quastenberg bei Stargard und ist seit 1889 in Gross-Kedingshagen bei Stralsund.

29. Fritz Leopold Karl Julius,

am 3. Mai 1864 geboren, besuchte die Landwirtschaftsschule zu Eldena, die er mit dem Zeugnis der Reife verliess. Er war 1889 Gutsverwalter in Friedrichshof bei Bützow und nahm darauf Stellung in Bassin bei Grimmen.

30. Rudolph Karl Wilhelm,

zu Windebrak am 22. August 1870 geboren, besuchte das Gymnasium zu Greifswald, das er mit dem Zeugnis der Reife für Prima verliess, um sich in Berlin zum Fähnrichexamen vorzubereiten. Er bestand im Januar 1891 dieses Examen und trat darauf bei dem Grossherzoglich Mecklenburgischen Füsilier-Regiment Nr. 90 in Rostock als Avantageur ein. Auf der Kriegsschule zu Glogau bestand er sein Offizierexamen und wurde am 17. Mai 1892 zum Sekondleutnant befördert. Er steht jetzt in Wismar in Garnison, wo er Adjutant des dortigen Bezirks-Kommandos ist.

20. **Eduard** Albrecht Leopold,

1823—1889,

am 25. November 1823 zu Prestin geboren, schlug die militärische Laufbahn ein. Er trat am 1. November 1843 als Avantageur in das Husaren-Regiment Fürst Blücher von Wahlstatt (Pommersches) Nr. 5, wo er am 1. Juni 1844 Portepee-Fähnrich und am 19. Februar 1848 zum Sekondleutnant befördert wurde. Am 11. Dezember 1858 zum Premierleutnant ernannt, wurde er am 31. Oktober 1865 in genanntem Regiment Rittmeister und Eskadronschef. Doch am 30. Oktober 1866 in gleicher Stellung in das Dragoner-Regiment Nr. 11 versetzt, erhielt er am 12. April 1870 seine Beförderung zum Major. Der 20. Juni 1872 brachte ihm die Ernennung zum etatsmässigen Stabsoffizier im 2. Grossherzoglich Mecklenburgischen Dragoner-Regiment Nr. 18 in Parchim, und der 3. Juli 1875 die Beförderung zum Oberstleutnant. Ein halbes Jahr später sehen wir Eduard als Kommandeur des Pommerschen Train-Bataillons Nr. 2, als welcher er am 11. Juni 1879 seine Ernennung zum Obersten erhielt. Am 5. Mai 1883 wurde er auf sein Ansuchen mit der gesetzlichen Pension zur Disposition gestellt und lebte seitdem in Frankfurt a. O., wo er am 16. Juni 1889 aus diesem Leben schied. Er wurde auf dem Friedhofe zu Bornstädt bei Potsdam zur letzten Ruhe gebettet.

Eduard focht am 2. Mai 1848 in dem Gefecht von Wreschen in Polen, machte den Feldzug 1866 gegen Oesterreich mit, in welchem er sich an dem Gefecht bei Gitschin am 29. Juni 1866 und an der Entscheidungsschlacht bei Königgrätz am 3. Juli 1866 beteiligte. Auch er gehörte zu den Veteranen des glorreichen Krieges 1870 1871 gegen Frankreich. Er war Inhaber des Roten Adler-Ordens 3. Klasse mit Schleife und Schwertern am Ringe, des Kronen-Ordens 3. Klasse, des Dienstauszeichnungskreuzes, der Kriegsdenkmünze 1870—1871, der Kriegsdenkmünze 1866, des Mecklenburgischen Verdienstkreuzes 2. Klasse für Auszeichnung im Kriege.

Verheiratet war Eduard seit dem 31. Mai 1854 mit A n n a Charlotte Wilhelmine von Massow, ältesten·

Tochter des Rittergutsbesitzer Adolph von Massow
auf Bandekow und dessen Gemahlin Karoline, geb.
d'Espagne. Anna, am 24. Mai 1833 geboren, siedelte
bald nach dem Tode ihres Mannes im Oktober 1889
nach Potsdam über.

Eduard hatte 2 Kinder:
1. Tochter, welche, am 5. März 1858 geboren,
   bald nach der Geburt starb.
2. H u g o, geb. 21. Dezember 1860 (31).

31. Hugo A d o l p h W i l h e l m,
am 21. Dezember 1860 zu Stolp geboren, begann
seine militärische Laufbahn im Pommerschen Dragoner-
Regiment Nr. 11, in Bromberg, dem auch sein Vater
angehört hatte, wurde am 11. Februar 1882 Sekondleutnant und siedelte mit dem Regiment in dessen neue
Garnison nach Gumbinnen über. Nachdem er am
16. Juni 1891 Premierleutnant geworden war, erhielt
er am 18. August 1896 seine Beförderung zum Rittmeister und Eskadronschef im 2. Grossherzoglich
Mecklenburgischen Dragoner-Regiment Nr. 18 nach
Parchim, wo er auch jetzt steht. Seit dem 14. Mai
1888 ist er mit Susanne von Sydow, der am 2. August
1866 zu Treptow a. R. geborenen zweiten Tochter des
Major a. D. Heinrich Wilhelm von Sydow auf Wendisch-
Pribbernow in Pommern, (geb. 6. Februar 1833 zu
Petershagen) und der Sophie Helene Philippine von der
Osten (geb. 21. August 1842 zu Treptow a. R.) ver-
heiratet. Es sind ihm drei Kinder geboren:
1. Totgeborene Tochter im Frühling 1889 zu
   Bromberg.
2. A n n a L u i s e Hedwig Sophie Martha, am
   5. März 1893 zu Gumbinnen geboren, ist im
   Kloster Dobbertin eingeschrieben.
3. B e r n d Ch r i s t o p h Friedrich Wilhelm Eduard
   Bogislav, geb. 18. April 1896 zu Gumbinnen (41).

21. Richard Hans F r i e d r i c h Burchard Hugo,
Sohn von Adolph aus dessen 2. Ehe, wurde am
5. Mai 1843 zu Prestin geboren. Er trat mit 18 Jahren

in Mecklenburgische Militärdienste, wurde Portepee-Fähnrich und am 18. Dezember 1862 Sekondleutnant im Grossherzoglich Mecklenburgischen Dragoner-Regiment in Ludwigslust. Bei diesem Regiment machte er 1866 den Feldzug in Bayern mit und soll bei Seybotterreuth verwundet worden sein. Nach seiner Ernennung zum Premierleutnant nahm er seinen Abschied, doch wurde er im Jahre 1869 in den Verband der Preussischen Armee übernommen und unter Versetzung in die Kategorie der Reserve-Offiziere dem 1. Grossherzoglich Mecklenburgischen Dragoner-Regiment Nr. 17 zugeteilt. Als solcher nahm er an dem Feldzuge 1870/71 gegen Frankreich teil und wurde 1877 zum Rittmeister befördert. In demselben Jahre erhielt er den von ihm erbetenen Abschied mit der Erlaubnis zum Tragen der Armee-Uniform.

Er besass Krumbeck bei Oldesloe, darauf Adamshof bei Penzlin und siedelte dann nach Langwitz bei Berlin über. Von dort aus verlegte er seinen Wohnsitz nach Bergedorf, bis er später wieder nach Berlin zog, wo er auch jetzt lebt.

Richard war dreimal verheiratet. In erster Ehe vermählte er sich am 15. April 1864 mit Johanna Luise Charlotte Pogge, Tochter des Gutsbesitzers Louis Karl Ernst Pogge, (geb. 12. August 1813 zu Greifswald, † 23. April 1873 zu Oldesloe) und der Johanna Luise Apollonia Holtz, (geb. 5. März 1809 zu Hittingen, † zu Oldesloe 13. November 1877). Johanna, am 18. Oktober 1843 zu Krumbeck in Holstein geboren, starb in Langwitz am 4. August 1883. Dann heiratete Richard in zweiter Ehe am 26. September 1886 Laura Heudlass, verw. Siebert zu Bergedorf. Diese war die Tochter des Dampfziegeleibesitzers Eduard Heudlass und starb zu Bergedorf am 27. Dezember 1889. Die Vermählung Richards mit seiner dritten Gemahlin Helene von Ossowsky-Dolega fand zu Berlin am 4. Juni 1892 statt. Doch lebt er von dieser getrennt.

Alle Kinder Richards stammen aus erster Ehe, es sind dies:

1. Johanna Adolphine Wilhelmine, am 26. Oktober 1865 zu Ludwigslust geboren, ver-

41c.

†
G
Reima
auf
(†

heiratete sich am 16. Oktober 1889 zu Bergedorf mit dem Kaufmann Alfred James Bahnsen aus Reinbeck. Sie nahmen ihren Aufenthalt zunächst in Hamburg und siedelten dann nach Bergedorf über.

2. **Luise Rudolphine**, zu Krumbeck am 13. Mai 1872 geboren, vermählte sich zu Berlin am 16. November 1897 mit dem Rittmeister der Landwehr, Alfred von Aspern zu Kosel, jetzigem Bürgermeister zu Rastenberg in Thüringen.

3. **Klara** Henriette Adelheid wurde am 2. Juli 1873 zu Schulenburg geboren.

4. **Richard**, geb. 1. November 1874 (32).

5. **Anna Marie** ist am 1. Dezember 1875 zu Schulenburg geboren.

32. **Richard** Hans Ferdinand,

am 1. November 1874 zu Schulenburg geboren, hat die militärische Laufbahn eingeschlagen. Er trat 1892 als Avantageur in das Feld-Artillerie-Regiment Nr. 22 in Münster ein und wurde am 18. Januar 1893 Portepee-Fähnrich. Seit dem 18. November 1893 Leutnant in diesem Regiment, wurde er 1898 in den Etat der Feldartillerie-Schiessschule zu Jüterbogk übernommen, steht aber jetzt wieder in Münster.

C. Haus Stieten.

Der vierte Sohn Bernds (v. G. 37) und seiner Gemahlin Anna Dorothea, geb. von Pressentin, Nicolaus Otto, ist der Begründer des blühenden Hauses Stieten, welches sich bereits unter seinen Söhnen in drei Häusern fortsetzte und zwar in dem Hause Stieten-Gross-Kussewitz, Stieten-Sternberger Rittersitz und Stieten-Jesendorf. Das mittlere derselben ist ausgestorben, doch blühen die beiden anderen Häuser weitverzweigt in Mecklenburg, Preussen, den Vereinigten Staaten von Nord-Amerika und Australien.

1. Nicolaus Otto,
1671—1732 (v. G. 41),

am 29. September 1671 zu Prestin geboren, widmete sich dem Soldatenstande und trat bei der Königlich Schwedischen Armee in Dienste, wo er zum Kapitän befördert wurde. Er stand 1699 in Greifswald, 1700 in Anklam in Garnison. Dann machte er den Feldzug in Polen mit und stand hierauf in Gartz und Stettin.

In der Erbteilung, nach dem Tode seines Vaters, erhielt Nicolaus Otto etwa 1712 Stieten, wo er, nachdem er seinen Abschied genommen, bis zu seinem Lebensende am 28. Januar 1732 wohnte. Vermählt war er seit dem 13. Juni 1695 mit Katharina Juliana von Wulffen, einer Tochter des Königlich Schwedischen Rittmeisters Hermann Wiegand von Wulffen, Erbherrn auf Pempern in Liefland und der Juliane von Wussow a. d. H. Karow. Katharina war am 1. Juli 1678 geboren und starb am 29. Juni 1736 zu Stieten. Dieser Ehe sind 10 Kinder entsprossen:

1. Dorothea Sophia, am 15. Juni 1696 zu Prestin geboren, starb jung.

2. Elisabeth Juliane, geboren 1698, verheiratete sich um 1723 mit dem Königlich Schwedischen Kapitän Johann Otto von Stuard, welcher als Volontär in Holländischen Diensten bei der Belagerung von Bergen op Zoom 1747 fiel. Sie starb als Witwe 1750.

3. Bernd Wiegand, geb. 1701 (2).

4. Georg Karl, geb. 2. Dezember 1705 (3).

5. Claus Otto, geb. im Juni 1707 (4).

6. Gustav Friedrich, geb. 1709 (5).

7. Sophie Charlotte, geb. 1711, war seit dem 3. Februar 1736 mit Reimar Joachim von Below auf Klein-Niendorf, Ritterschaftliches Amt Crivitz, vermählt und starb, nachdem sie am 7. August 1741 Witwe geworden war, nach 1778.

image
not
available

8. Dorothea Luise, 1713 geb., wurde die Gemahlin des Generalmajors Karl Wilhelm von
Bohlen zu Braunschweig, wo sie ein Jahr
nach ihrem Gemahl 1774 starb.

9. Gustav Friedrich, geb. 27. November 1715 (6).

10. Christian Ludwig (7).

2. Bernd Wiegand,
1701--1762 (v. G. 46),

im Jahre 1701 geboren, widmete sich dem Militärstande und war zuletzt Rittmeister in Württembergischen Diensten, als welcher er seinen Abschied
nahm. Er besass (wahrscheinlich 1733) Grambow,
das er jedoch 1734 wieder verkaufte.

Bernd war mit Magdalena Elisabeth Amalia von
Lepel, einer Tochter des Joachim Ernst von Lepel auf
Grambow und der Anna Sophia von Zülow a. d. H.
Zülow vermählt. Sie war im April 1699 geboren
und starb, nachdem ihr Gemahl ihr am 12. Januar
1762 in die Ewigkeit voraufgegangen war, am
2. Juni 1762 zu Weitendorf (?). Dieser Ehe sind
Kinder nicht entsprossen.

In dem Sternberger Kirchenbuch findet sich
folgende Aufzeichnung: „1762, Februar 4., ist der
Herr Rittmeister Bernd Wiegand von Pressentin,
Erb- und Gerichtsherr auf Weitendorf, welcher am
12. Januar verstorben, in der Sakristei bis zur Ver-
fertigung eines Begräbnisses eingesetzt." Und ferner:
„1762, Juli 9., ist Frau Helena Elisabeth Amalia, geborene von Lepel, des Herrn Rittmeisters Bernd
Wiegand von Pressentin auf Weitendorf Frau Witwe,
welche am 2. Juni, alt 63 Jahre, gestorben, in
hiesiger Kirche, gerade hinter der Kanzelthür nach
dem Fundament zu, in das ausgemauerte Begräbnis
eingesetzt worden. Zugleich ist auch die Leiche
des Herrn Rittmeister neben ihr eingesenkt und solch
Begräbnis damit angefüllt worden. Letztere hat bis
dahin in der Sakristei gestanden."

Was das Gut Weitendorf anbetrifft, so wurde
nach dem Tode Hartwig Helmuths von Pressentin
(W 1) von den von Barnerschen Erben das Pfand-

recht dem Rittmeister Bernd Wiegand und dessen
Ehefrau unter dem 7. April 1740 cediert und am
8. Februar 1751 lehnsherrlich bestätigt. Pretium
cessionis war 18300 Thlr. N. ²/₃, und vorbehalten die
Reluitionsrechte der näheren Agnaten und Rechte
der Töchter Hartwig Helmuths, nämlich Magdalena
und Friederika (die beiden anderen waren also bereits
gestorben) pto. ihres Erbjungfernrechtes. Diese ver-
zichteten laut Akte vom 6. Juni 1742, und Bernd
leistete den Lehneid am 29. Juni 1751.

Nachdem nun Bernd gestorben war, wurde die
Mutung beschafft von: Gustav Friedrich, Georg Karl,
Bernd auf Daschow, Johann Wilhelm auf Prestin,
Otto Friedrich auf Stieten und Johann Christoph
von Pressentin in Braunschweigschen Diensten. Laut
eines Kontrakts vom Februar 1764 überliessen die
Beneficial-Erben der am 2. Juni 1762 verstorbenen
Gemahlin Bernd Wiegands, geb. von Lepel, nämlich:
der Generalmajor Hans Joachim von Zülow (Mutter-
bruder oder Mutterbrudersohn), Oberst Ferdinand von
Zülow und Oberstleutnant Gustav Friedrich von
Pressentin (Schwager) dem Pensionär Georg Schmidt
das den Cedenten durch Testament zugefallene Pfandgut Weitendorf mit den 2 Bauern zu Kaarz, nicht
minder die Breite Ackers, welche zwischen dem
Jülchendorffer Felde liegt und die Breite Ackers,
welche auf dem Sternberger Felde liegt, um solches
jure antichretico pfandweise zu besitzen, zu nutzen
pp. für 22800 Thlr. N. ²/₃ auf 20 Jahre.

Am 3. März 1764 bringen die Beneficial-Erben
Proclamata aus, es melden sich Oberstleutnant Bernd
von Pressentin zu Rostock, Bernd zu Daschow und
Johann Wilhelm auf Prestin. Im Praeclusiv-Abschied
werden diesen ihre Rechte reserviert, alle übrigen
praecludiert. Auf Antrag des Fiskals aus § 451
des L.-G.-G.-E.-V. werden die Agnaten am 11. Mai 1781
aufgefordert, sich zu Trinitatis 1784 zu melden, zu
reluieren oder was sonst.

Am 30. August 1783 wurden die nicht praeclu-
dierten von Pressentin zum 26. September zur Ab-
leistung des Lehneides citiert, doch erschien niemand,
worauf sich alle 1783—1784 des Lehnrechtes begaben.
Darauf wurde der Pfandnehmer Schmidt am 2. April 1784

aufgefordert, sich zu erklären, ob er das Gut zu Lehn nachsuchen wolle, oder zu gewärtigen, dass Serenissimus sich einen anderen Lehnsmann annehmen würde. Schmidt erklärte sich bereit, verstarb aber mit Nachlassung von 12 Kindern, ohne dass das Dekret der Annahme als Lehnsmann expediert worden war. Am 30. Mai 1785 wurden darauf die Kinder (Söhne?) belehnt, indem der Lehnsherrliche Konsens zur Verwandlung des Pfandrechtes in ein (Lehns-)Eigentumsrecht erteilt wurde mit der Freilassung, das Gut demnächst zu verkaufen. Am 1. Dezember 1785 wurde alsdann das Gut Weitendorf c. p. vor der Justizkanzlei zu Rostock für 27000 Thlr. N. ²/₃ an den Hauptmann von Warnin verkauft.

Weytendorpe, dem Namen nach eine deutsche Anlage (vergl. Kühnel in Jahrb. Band 46 S. 157) kommt urkundlich schon 1286 Juni 19. vor (Meckl Urk. B. III. Nr. 1852). Damals gehörten die Zehnten darin (tota decima) dem Bischofe von Schwerin, aber Bauer-Hufen (mansi) scheint er nicht darin gehabt zu haben. Später erwähnen es die vorhandenen Urkunden nicht wieder, bis es 1348 Mai 5. als Pressentinscher Besitz vorkommt. Seitdem scheint es in unserer Familie geblieben zu sein bis 1784.

Weitendorf liegt sehr hübsch, der Hof auf einer ansehnlichen Anhöhe. Am Hofe und Garten entlang fliesst der Brücler Bach, der sich unterhalb, unfern des Gartens, in die Warnow ergiesst, die den Garten bespühlte. Seit Erbauung der Wismar—Karower Eisenbahn 1887 liegt diese zwischen Garten und Warnow und eine Haltestelle dem Wohnhaus gegenüber. Die Sternberg—Brüeler Chaussee führt dicht vor dem Hofe vorüber.

Das Lehngut Weitendorf (gross 454,3 ha) wurde 1873 von dem Gutsbesitzer Julius Hüniken auf Kaarz für 87000 Rthlr. angekauft, 1877 allodificiert und nebst dem domanialen Hütthof und Weitendorfer Erbkrug 1886 zu einer landesherrlich bestätigten fideikommissarischen Familienstiftung gemacht, welche nach seinem am 8. Oktober 1891 erfolgten Ableben in Kraft getreten ist.

3. Georg **Karl** Bernd,
1705—1781 (v. G. 47),

ist der Begründer des blühenden Hauses Stieten-Gross-Kussewitz und wird weiter unten erwähnt werden (s. St.-Gr.-K. 1).

4. **Claus Otto,**
1707—1761 (v. G. 48),

gründete das Haus Stieten-Sternberger Rittersitz, das jedoch schon mit seinen Kindern ausstarb. Er wird bei seinem Hause aufgeführt werden (s. St.-St. R.-S. 1).

5. **Gustav Friedrich,**
1709—1710 (v. G. 49),

wurde 1709 geboren, doch starb er schon im folgenden Jahre. Seine Leiche wurde am 12. März 1710 zu Prestin beigesetzt.

6. **Gustav** Friedrich,
1715—1790 (v. G. 50),

ist der Stammvater des Hauses Stieten-Jesendorf, und werden wir ihn daher weiter unten aufführen (s. St.-J. 1).

7. **Christian Ludwig,**

war der jüngste Sohn Claus Ottos und dessen Gemahlin Katharina Juliana von Wulffen. Sein Geburtsjahr wird in das Jahr 1717 fallen. Er widmete sich dem Militärstande und starb pensionirt als Hauptmann in Hannoverschen Diensten vor 1778.

D. Haus Stieten-Gross-Kussewitz.

1. **Georg Karl** Bernd,
1705—1781 (v. G. 47),

am 2. Dezember 1705 zu Gartz a. Oder geboren, begann seine militärische Laufbahn in Herzoglich Württembergischen Diensten in der Nobelgarde, wo er 1733 Wachtmeister in der Kavalierskompagnie war. Der Herzog Karl Rudolph, welcher ein Regiment Kavallerie in Kaiserlich Oesterreichischen

image
not
available

Diensten hatte, versetzte ihn jedoch bald mit anderen aus der Nobelgarde als Offizier in dieses Regiment. Er stand hierauf in Mantua und Modena in Garnison. Als er einmal auf Urlaub nach Mecklenburg kam, lernte er Katharina Magdalena von Bülow, die Tochter Johann Friedrichs von Bülow auf Bölkow und Neunkirchen und der Eva Margarete von Seherr aus dem Hause Neunkirchen kennen und lieben. Katharina war am 12. Mai 1711 zu Bölkow geboren und vermählte sich nun am 29. Mai 1737 mit Georg Karl, der jetzt seinen Abschied nahm. Er pachtete das Gut Penzin, Ritterschaftliches Amt Crivitz, und später von seinem Schwiegervater Klein-Bölkow, Ritterschaftliches Amt Bukow, wo er schon 1742 gelebt zu haben scheint und 1746 noch wohnte. Als jedoch der Herzog Christian Ludwig von Mecklenburg-Schwerin durch den Generalmajor von Zülow ein neues Regiment errichten liess, wurde er in demselben als Kapitän und Kompagniechef angestellt und widmete sich nun wieder dem Soldatenstande. Nachdem seine Kompagnie vollzählig war, wurde derselben Bützow als Garnison angewiesen. Daselbst residierte Sophia Charlotte von Hessen-Cassel, die Witwe des Herzogs Friedrich Wilhelm, bei der Georg Karl auch als Kammerjunker angestellt wurde und mit seiner Familie sich des besonderen Wohlwollens dieser Fürstin erfreute. Später, wenigstens seit 1774, wohnte er, nachdem er Major und 1760 Oberstleutnant geworden war, mit seiner zahlreichen Familie in Rostock und starb am 20. Juli 1781 zu Doberan, wo er eine Sommerkur gebrauchte, als Oberstleutnant und General-Adjutant, doch ist er in Rostock in der Militärkapelle der Johanniskirche beigesetzt, wo auch seine Gemahlin seit dem 5. April 1770 von den Mühsalen des irdischen Lebens ausruht.

Georg Karl, der Gründer des blühenden Hauses Stieten-Gross-Kussewitz, hat mit seiner Gemahlin 10 Kinder gehabt.

1. **Karoline**, geboren etwa 1738, wurde im Kloster Dobbertin eingeschrieben (?)
2. **Otto Bernhard**, geb. 31. März 1739 (2).
3. **Eva Margarete**, am 13. April 1741 zu Penzin

geboren, wurde im Kloster Malchow unter Nr. 160 eingeschrieben. Sie war Konventualin dieses Klosters und starb daselbst am 29. März 1823.

4. Juliane Charlotte, geb. am 17. Oktober 1742 zu Klein-Bülkow, starb schon im Juli 1743.

5. Agathe Elisabeth Hippolyta, am 17. Oktober 1743 zu Klein-Bülkow geboren, war Konventualin des Klosters Rühn und starb als solche anfangs 1808 zu Viecheln.

6. Dorothea Luise Barbara erblickte zu Klein-Bülkow am 25. Dezember 1744 das Licht der Welt. Sie wurde in Dobbertin unter Nr. 310 eingeschrieben und starb als Konventualin dieses Klosters um 1806.

7. Friedrich Christoph, geb. 11. Januar 1746 (3).

8. Hedwig Elisabeth, am 18. Juli 1747 zu Klein-Bülkow geboren, war Konventualin zu Ribnitz, wo sie 1829 starb.

9. Ulrike Friederike Wilhelmine, zu Klein-Bülkow am 29. September 1749 geboren, ging im Jahre 1810 zu Rostock aus dieser Welt.

10. Christian Ludwig, geb. 19. Februar 1752 (4).

2. Otto **Bernhard,**
1739—1825 (v. G. 58),

wurde am 31. März 1739 zu Penzin geboren. Für seine Bildung konnte wenig geschehen, da es dem Vater bei seiner zahlreichen Familie an den erforderlichen Mitteln fehlte. Den Unterricht leitete ein alter Kandidat. Doch suchte ihn sein Vater nicht nur zu einem rechtschaffenen Manne, sondern auch, da Bernhard sich dem Soldatenstand widmen wollte, hierzu gehörig vorzubilden. Seine fromme Mutter pflanzte in sein junges Herz wahre Gottesfurcht, die er sich zur Richtschnur seines Lebens machte. So genoss er seinem Stande und Vermögen nach eine anständige, doch nicht grade glänzende Erziehung.

Wir haben oben gesehen,· dass sein Vater von dem Herzoge Christian Ludwig II., der am 30. Mai

1756 starb, im Jahre 1748 eine Kompagnie erhielt,
der als Garnison Bützow angewiesen wurde und
weiter. dass beide Eltern sich der ganz besonderen
Gnade der dort residierenden Herzogin-Witwe († 30.
V. 1749) erfreuten. So kam es denn, dass der junge
Bernhard vom Herzoge bereits 1752, also erst 13
Jahre alt, in der Kompagnie seines Vaters als Kadett
angestellt wurde. Als vor 1749 ein Bild von dem
Hofe Christian Ludwigs gemalt wurde, war auch er
als Page darauf vertreten. Im Mai 1754 wurde er
Fahnenjunker, marschierte darauf mit seines Vaters
Kompagnie nach Rostock und avancierte am 19. Ja-
nuar 1756 zum Fähnrich. Durch regen Dienst-
eifer und pünktliche Ausführung der erhaltenen Befehle
und Aufträge hatte er sich die Zuneigung des
damaligen Majors von Plessen erworben, auf dessen
Vorstellung ihn der Oberst von Zülow zum Regiments-
Adjutanten machte.

Zu Anfang des Jahres 1758 rückte der Prinz
von Holstein mit 4000 Preussen vor die Stadt Rostock.
Das Regiment Jung-Zülow zog ab und kam nach
Schwerin in Garnison. Darauf umzingelte ein
preussisches Detachement unter dem Major von Hirsch
die Stadt Schwerin. in der sich die nur schwachen
Regimenter Jung- und Alt-Zülow befanden. In dieser
Zeit ereignete es sich, dass Bernhard, als er einmal die
Wache am Spielthore hatte, einige Preussen, die ihn
auf eine beschimpfende Art zu necken versuchten,
vom Pferde schiessen liess. Zu einer Uebergabe
kam es indessen nicht. Doch rückte bereits im
März 1758 der preussische General von Kleist mit
einem grösseren Korps vor Schwerin und forderte
die Garnison auf, sich gefangen zu geben. Der
General von Zülow lehnte dies ab und zog sich mit
seinen Truppen nach dem Kaninchenwerder zurück.
Zu dieser Ueberfahrt hatte man grosse Boote in Be-
reitschaft gestellt. Pressentin als Adjutant erhielt
nun den Befehl, als die Preussen bereits in die Stadt
eingerückt waren, an die noch zurückgebliebenen
Wachen die Weisung zu überbringen, in aller Stille
ihre Posten zu verlassen und sich nach den Booten
zu verfügen. Als er mit diesen zurückkam, war alles
schon in der Ueberfahrt begriffen. Unter dem Donner

der preussischen Geschütze setzten sie sich in das
für sie bereit gehaltene Boot und folgten dem Regiment nach dem Werder. Unterwegs wurde ihnen
das Steuer abgeschossen und eine Wolke von Wasser
überschüttete das Boot, doch gelangten sie ohne
weiteren Unfall an Ort und Stelle. Nachdem die
Preussen 9 Wochen lang Schwerin besetzt gehalten
hatten, marschierten sie endlich ab, und der Oberst
von Zülow und der Major von Plessen erhielten auf
dem Werder den Befehl, Schwerin mit 300 Mann
wieder zu besetzen und von Pressentin wurde als
Adjutant mit dorthin genommen. Fünf Wochen
später folgten ihnen auch die anderen Truppen nach
Schwerin. Alt-Zülow blieb zur Garnison dort und
Jung-Zülow kam nach Güstrow. Bald darauf brachen
1758 Unruhen in Rostock aus, wohin nun das Regiment Alt-Zülow marschierte und von dem Regiment
Jung-Zülow in Schwerin abgelöst wurde. Nachdem
die Ruhe und Ordnung in Rostock wiederhergestellt,
zog das Regiment Alt-Zülow wieder in Schwerin
ein und Jung-Zülow kam mit dem Stabe nach Grabow,
mit den übrigen Kompagnien nach Neustadt und
Crivitz. Jetzt (1759) wurde Bernhard Premierleutnant
und am 11. August 1759 der Kompagnie seines
Vaters zugeteilt.

Im November 1759 rückten die Preussen wiederum
in Mecklenburg ein, worauf sich das herzogliche
Korps nach Schwedisch-Pommern begab und Rügen
besetzte. Im folgenden Jahre, als die Preussen
Mecklenburg verliessen, rückte das Korps wieder
nach Rostock.

Während seines Aufenthalts auf Rügen schien
es, als wenn Bernhards thätiger Geist nicht genug
Beschäftigung fand. Der Krieg schien fortdauern
zu wollen; daher äusserte er gegen seine Eltern den
Wunsch, in preussischen Diensten sein Glück zu ver-
suchen. Diese rieten ihm ernstlich ab. Doch dies
genügte ihm nicht, sondern seine Begierde nach
Ruhm und Ehre trieb ihn zum damaligen ersten
Minister Grafen von Bassewitz, dem er seinen Entschluss offenbarte. Dieser versuchte ihm davon ab-
zureden, da sein Vaterland auch tüchtige Männer
brauche und ihm als geborenen Vasallen als erste

Pflicht obliege, seinem Landesherrn zu dienen; er selbst wolle auch auf alle mögliche Art für sein Fortkommen sorgen. So unwillkommen ihm dies auch war, so zwang ihn doch die traurige Notwendigkeit zum Nachgeben, denn woher sollte er sich equipieren. Sein Vater hatte kein Vermögen und viele Kinder, also blieb ihm nichts anderes übrig als in Mecklenburgischen Diensten zu bleiben. Als darauf der Herzog Friedrich 8 Kompagnieen Infanterie neu einrichtete, verkauften einige Kompagniechefs ihre Kompagnieen und warben neue. Bernhard von Pressentin trat mit dem damaligen Kapitän von Bodeck in Unterhandlung und kaufte dessen Kompagnie. Es hatten sich mehrere dazu gemeldet, doch durch Unterstützung des Grafen von Bassewitz wurde ihm die Kompagnie am 3. Mai 1760 übergeben. Nicht nur durch Fleiss, sondern auch durch Geld suchte er nun seine Kompagnie zu vervollkommnen, wodurch er selbst in eine bedrängte Lage geriet.

Im November 1760 rückten wiederum die Preussen in Mecklenburg ein und wieder zog das Regiment nach Pommern, wo es seine alten Quartiere auf Rügen wieder bezog. Nach dem Abzuge der Preussen gingen die Mecklenburger nach Rostock zurück, mussten aber bereits im November 1762 vor den wieder einrückenden Preussen das Feld räumen und nach Rügen ziehen. Am Weihnachtsabend 1762 kam Bernhard ins Quartier nach Rosenhagen, einer Pachtung, die der Rittmeister von Schmiterlöw inne hatte. Diese Familie gewann bald den jungen Mann lieb und auch er fand hier, was seinen Wünschen und seinem Herzen noch fehlte in der zweiten Tochter Anna Johanna, deren Mutter eine geborene von Platen war. Am 15. Juli 1763 vollzog er seine eheliche Verbindung mit ihr und reiste am 7. August, da um diese Zeit auch das Mecklenburgische Korps Rügen verliess, mit seiner jungen Gemahlin aus deren väterlichem Hause ab. Doch sollte ihm das Glück an der Seite seiner Gemahlin nicht lange beschieden sein, denn schon nach 4 Wochen starb seine Frau am 14. August 1763, nachdem sie schon auf der Reise erkrankt war. Begraben wurde sie in der St. Johanniskirche zu Rostock, tief betrauert von ihrem Gemahl.

Im Jahre 1764 machte Bernhard die Bekannt-
schaft der Familie von Pressentin auf Prestin, lernte
dort die älteste Tochter des verstorbenen Klosterhauptmanns von Pressentin, Magdalena Dorothea,
kennen, deren Mutter eine geborene von Dessin aus
dem Hause Wamekow war und verheiratete sich
mit ihr am 29. Juni 1764. Die junge Frau verband
mit ihrem liebenswürdigen Wesen klaren Verstand
und festen Charakter. Bernhard war Hauptmann
geworden. Doch hatten beide Ehegatten mit grossen
Sorgen anfangs zu kämpfen. Durch redliches Be-
mühen gelang es ihnen jedoch sich emporzuarbeiten
und ein Haus [1]) in der Breiten Strasse zu Rostock
zu erstehen. Bernhard erhielt am 1. Dezember 1779
das Patent als Major, um in der Tour zu bleiben,
wurde aber erst 1781 nach dem Tode seines Vaters,
der als Oberstleutnant und General-Adjutant starb,
wirklich dienstthuender Major.

Im Jahre 1785 kam der Herzog Friedrich Franz
zur Regierung. Dieser wünschte seine Truppen
besser als unter seinem Onkel Herzog Friedrich
organisiert zu sehen Zu diesem Zwecke wurde daher
der Plan gemacht, 1000 Mann Mecklenburger in den
Sold der Staaten von Holland zu geben, die verschiedene deutsche Truppenabteilungen zu Gunsten
und zur Sicherheit des Erbstatthalters, Prinzen
Wilhelm V. von Oranien, angenommen hatten, und
so gingen denn auch infolge eines Vertrages vom
5. Mai 1788 1000 Mann unter dem Kommando des
Generalleutnant von Gluer am 1. August 1788 in
Boizenburg zu Schiff, denen auch von Pressentin
zugeteilt war.

Bernhard war bereits am 2. Juni 1788 Oberstleutnant und Kommandeur des Regiments geworden.
Sein einziger Sohn Karl Gerd ging als Adjutant mit,
ebenso wie seine Frau und Tochter.

Am 1. September 1788 endlich, nach einer Ueberfahrt von 4 Wochen, wurde das Regiment in Herzogenbusch gelandet. Am 29. September 1789 wurde
von Pressentin zum Obersten befördert, und als 1790

---

[1]) In diesem Hause hat die Frau bis an ihr Lebensende,
† 1836, als Witwe gewohnt.

der General von Gluer nach Mecklenburg versetzt
worden war, am 10. Dezember zum Regimentschef
und Kommandeur aller in Holland stehenden Mecklenburgischen Truppen ernannt.

Bernhard befand sich grade auf Urlaub, als er
von dem Kommandeur seines Regiments, Oberstleutnant von Crivitz, die Nachricht von dem Aus-
bruch des Krieges in Holland erhielt. Sogleich begab
er sich zum Herzog und meldete ihm die erhaltene
Nachricht mit dem Bemerken, sofort zu seinem Korps
abreisen zu wollen. Der Herzog nahm dies sehr
günstig auf und ernannte ihn demnächst am 20. Februar
1793 zum Generalmajor. Am 20. März desselben Jahres
befand sich von Pressentin bereits wieder bei seinem
Korps, das in der Festung Grave lag, deren Gouverneur
der Generalmajor Prinz Christian von Hessen-Darmstadt war. Einige Tage nach seiner Ankunft in Grave
kam der Herzog von Braunschweig-Oels daselbst an,
und die preussischen Regimenter Knobelhorst, Kleist,
Goltz und Graevenitz, sowie preussische Husaren
passierten die Festung. Das Herzoglich Mecklenburgische Korps hatte an diesem Tage die Wache.
Der Herzog von Braunschweig erkundigte sich, was
dies für Truppen seien. Der Prinz erwiderte, es seien
Mecklenburger und stellte den General von Pressentin
dem Herzoge vor. Hierauf sagte letzterer zum Prinzen,
er möge diese Leute sofort ablösen lassen, da sie
morgen mitmarschieren sollten. General von Pressentin stellte dem Herzoge jedoch vor, der Marsch der
Herzoglichen Truppen könne nicht geschehen, da nach
dem Vertrage die Truppen nur zum Garnisondienst
verwandt werden sollten. Für den Fall, dass sie
jedoch auch zum Felddienst herangezogen werden
sollten, müsse erst eine Vereinbarung voraufgehen,
damit auch die Truppen auf Feldfuss gesetzt werden
könnten. Der Herzog nahm darauf das Wort und
sagte: „Der König von Preussen will es so und
befiehlt; es soll nur eine Expedition sein, Sie marschieren daher ohne Widerrede!“ Pressentin erwiderte,
er müsse nach dem Vertrage handeln und Gegen-
vorstellungen machen, um sich nicht in Verantwortlich-
keit zu setzen, würde jedoch, da es nur eine Expedition
sein solle, dem erhaltenen Befehle Folge leisten.

Ein Offizier wurde von ihm nach dem Haag entsandt mit Berufung auf den Vertrag, doch erhielt er keine Antwort. Diesen Zwangsmarsch meldete er sofort seinem Fürsten, und dieser bezeugte ihm seinen Dank und die grösste Zufriedenheit mit seinem Benehmen.

Das Korps trat den Marsch nach Trilburg an und wurde daselbst mit einigen preussischen Regimentern ins Quartier gelegt. Nach einiger Zeit traten diese Truppen unter den Befehl des Prinzen Friedrich von Holland, der von Pressentin den Befehl erteilte, nach Herzogenbusch (Mai 1793) in Garnison zu rücken. Acht Tage später musste das Regiment jedoch nach Bergen op Zoom marschieren. Anfangs Mai 1794 ging das Korps nach Mastricht und verblieb hier, bis diese Festung nach nahezu siebenwöchentlicher Belagerung (begonnen 19. September 1794) aus Mangel an allen Bedürfnissen und Munition vom Gouverneur Prinzen Friedrich von Hessen-Kassel am 4. November 1794 übergeben wurde. Die Garnison wurde kriegsgefangen und musste an die Franzosen die Gewehre abliefern; doch wurde sie auf Ehrenwort wieder entlassen. Die Mecklenburger gingen in die holländischen Provinzen über Breda zunächst nach Utrecht, später nach Naarden und Meuden und deren Umgegend.

Nach dem Falle von Mastricht ging von Pressentin nach Mecklenburg, um dem Herzoge Rapport abzustatten. Doch war er dort kaum angekommen, als ihm auch schon der Befehl zuging, sogleich nach Holland zurückzukehren und sich zu erkundigen, ob man geneigt sei, das Korps noch länger in Subsidien zu behalten. Er fragte deshalb bei den General-Staaten an und erhielt die Antwort, es würde ihnen lieb sein, wenn der Herzog seine Truppen zurücknehmen wolle, da sie alle Subsidientruppen zu entlassen gedächten, sobald die Kapitulation zu Ende sei. Sollte der Herzog geneigt sein, seine Truppen zurückzuziehen, so würden sie sich gerne darüber vergleichen. Wirklich kam auch ein Vergleich zwischen von Pressentin und dem Gesandten der General-Staaten, Baron von Boset, zu Stande, wonach der Herzog und zwar vor dem Abmarsche der Truppen baar ausgezahlt erhielt:

1. Zweijährige Subsidiengelder,
2. den Verlust der Waffen ersetzt,
3. 18 Wochen Löhnung zum Rückmarsch,
4. 18 Wochen Löhnung noch in Mecklenburg.

Wenn man bedenkt, in welcher Verwirrung sich damals Holland befand, wie grade um diese Zeit die Franzosen hier durch den Besitz der wichtigsten Festungen die Oberhand hatten, wie zerrissen das Land durch Parteiungen war, und ferner die zerrütteten Finanzen Hollands nicht ausser Acht lässt, so muss dieser Vergleich, trotz der Sorge, die sich in von Pressentins Privatbriefen darüber ausspricht, als ein hervorragendes Werk angesehen werden, in dem sich dieser Mann nicht nur ein rühmliches Denkmal setzte, sondern auch seine eifrige Sorge für das Wohl und den Nutzen seines Fürsten auf das glänzendste bethätigte.

Das Korps ging am 2. Januar 1796 aus der Festung Naarden ab und wurde zu Saal an der Holländischen Grenze des Eides entlassen. Das Regiment kam nun wiederum nach Rostock in Garnison.

Das Mecklenburgische Korps hatte sich während seines Aufenthalts in Holland in jeder Weise ausgezeichnet, die Offiziere wegen ihres musterhaften Benehmens sich allgemeine Achtung erworben, und der General von Pressentin erfreute sich einer besonderen Gewogenheit aller, unter deren Befehl er gestanden, und hatte sich das Wohlwollen des Erbstatthalters in hohem Grade erworben.

Bevor wir jedoch in seiner militärischen Laufbahn fortfahren, müssen wir einige seiner Privatverhältnisse erwähnen. Seine Gemahlin hatte nach und nach, teils durch Erbschaft, teils durch glückliche Prozesse ihrer nächsten Anverwandten, ein Vermögen von über 18000 Thlr. zusammengebracht, und so waren beide Eheleute in die Lage versetzt, im Jahre 1792 (Kaufvertrag 4. XI. 1791, Landesherrlicher Konsens 5. X. 1792) das Gut Gross-Kussewitz bei Rostock für 41000 Thlr. zu erstehen. Da jedoch sowohl die Gebäude wie das Inventar sehr verbesserungsbedürftig waren, so wurden eine Menge neuer Gebäude, unter denen auch das Wohnhaus sich befand, neu aufgeführt und eine bedeutende Summe auf die Aufbesserung des Inventars verwandt. Am 1. November 1803 avancierte von Pressentin zum Generalleutnant (Exzellenz), nachdem das Regiment 1797—1798 den Namen Erbprinz erhalten und der Erbprinz Friedrich Ludwig dessen Chef geworden war, und 1807 wurde ihm das Grosskreuz des Königlich Dänischen Dannebrog-Ordens verliehen. Jetzt stand der alte, würdige Mann auf der höchsten Stufe seines Glücks, welches noch durch die Wertschätzung seines Fürsten und die Achtung aller, die ihn kannten, erhöht wurde.

Allein als 1808 neue Einrichtungen beim Militär vorgenommen wurden, fand man, dass der alte Pressentin nicht mehr das leisten konnte, was man zum neuen Felddienst forderte. Deswegen machte der Herzog ihn unter dem 6. Juni 1808 mit 2200 Thlr. lebenslänglichem Gehalt zum Gouverneur von Rostock, wo er bisher nur Kommandant gewesen war. Doch musste er nun das Regiment abgeben, welches der Erbprinz Friedrich Ludwig erhielt. Obgleich nun diese neue Stellung ihm mit der grössten Artigkeit und unter der Versicherung einer besonderen Gnade überwiesen wurde, so war es dennoch hart für den alten Mann, seinen bisherigen Wirkungskreis mit seinem Regiment, welches seinen Namen geführt und in dem er vom Kadetten an gedient hatte, verlieren zu müssen, so hart, dass er sich nicht wieder erheben konnte, wenngleich noch Jugendkraft ihn beseelte.

Und gleichwohl sollte ihn noch ein viel härterer Schlag treffen, der nur noch dazu diente, ihm seinen Lebensabend auf das schmerzlichste zu verbittern. Dies war die Folge der Uebergabe Rostocks an den Major von Schill. Da jedoch die Handlung des Generals und deren Folgen zu mancher Missdeutung und Verkennung Veranlassung gegeben haben, so möge hier eine gewissenhafte Darstellung der ganzen Sache, wie sie aus den Untersuchungsakten des Kriegsgerichts, sowie aus den Darstellungen des Generals von Schultz „Der Zug Schills durch Mecklenburg" und des Dr. Heinrich Francke hervorgeht, Platz finden. Denn thatsächlich war ihm keine Schuld beizumessen.

Der Herzog wollte so handeln, dass er Napoleon
gegenüber behaupten konnte, er sei überwältigt, und
doch wollte er Land und Leute keinerlei Nachteil
von Schills Korps aussetzen. Um sich Napoleon gegenüber ganz rein zu waschen, musste der General von
Pressentin sofort in Arrest gesetzt und vor ein Kriegs-
gericht gestellt werden.

Der Major von Schill hatte am 15. Mai 1809 die
Stadt Dömitz durch Handstreich genommen und war
am 17. Mai bei Tagesanbruch mit seiner Truppe
wieder abgerückt, eine Besatzung in der Festung
belassend, welche den nachdringenden Feind aufhalten
und dann folgen sollte. Schill richtete seinen Marsch
auf Rostock und ging, indem er Schwerin rechts
liegen liess, über Gross- und Klein-Trebbow und
Meteln nach Wismar, um dort Verbindung mit der
englischen Flotte aufzusuchen. 100 Mann Infanterie
und 30 Husaren unter dem Befehl des Leutnant Graf
von Moltke gingen als Avantgarde vorauf. Eine
starke Patrouille von 35 Pferden ging über Grabow,
Parchim und Bützow.

Am 20. Mai rückte Schill in Wismar ein, dessen
Garnison bei der Nachricht von seinem Anrücken
nach Rostock abmarschiert war und unter den direkten
Befehl des Gouverneurs Generalleutnant von Pressentin trat. Es waren dies die Grenadier-Kompagnie
von Boddin und die Voltigeur-Kompagnie des Major
von Bülow unter dem Befehl des letzteren, die in
Ludwigslust bezw. Parchim bis dahin gestanden
hatten. Die übrige Garnison, nur aus Invaliden be-
stehend, hatte man, damit sie nicht in Berührung
mit Schill käme, beurlaubt.

Doch wenden wir uns den Ereignissen in Rostock
zu. Rostock hatte zu dieser Zeit etwa 14 000 Ein-
wohner. Die Stadt war zwar mit Wällen und nassen
Gräben umgeben, war aber durchaus nicht sturmfrei,
sondern hatte an verschiedenen Punkten völlig offene
Stellen, in die der Feind bei einem plötzlichen Ueberfall leicht eindringen konnte. Die Ausrüstung der
Wälle mit Geschützen, Munition u. s. w. befand sich
in dem denkbar elendesten Zustande, so dass an eine
wirksame Verteidigung der Stadt durch Geschützfeuer
nicht zu denken war.

Am 16. Mai abends erhielt der Kommandant Major von Below durch den Bürgermeister von Rostock die Nachricht von der Einnahme der Stadt Dömitz durch den Major von Schill. Hiervon benachrichtigte er sogleich durch den Artillerie-Leutnant Martins den General von Pressentin, der tags zuvor auf sein Gut Gross-Kussewitz gefahren war, und liess den Kommandanten von Wismar um Nachricht bei etwaiger Annäherung des Schillschen Korps ersuchen. Auch wurden die Magistrate von Bützow und Schwaan angewiesen, reitende Boten auf den nach Dömitz führenden Strassen zu entsenden und sofort das Gouvernement zu benachrichtigen.

Am nächsten Morgen sandte der Major von Below an den Französischen General von Candras nach Stralsund eine Meldung über die Dömitzer Ereignisse. Auch lief vom Erbprinzen ein Schreiben ein, in dem der Fall von Dömitz bestätigt wurde. Ferner liess der Major den Bürgermeister ersuchen, Pferde und Wagen zum Transport aller Waffen und Montierungsstücke bereit zu stellen. Hiernach beabsichtigte der Kommandant also überhaupt keine Verteidigung der Stadt, was er auch um so weniger konnte, da ihm nur 2 Musketier-Kompagnieen in der Stärke von zusammen 85 Invaliden, von denen überdies noch 18 Mann nach Warnemünde abkommandiert waren, zur Verfügung standen, denn von dem Anmarsche der beiden Kompagnieen aus Wismar hatte er noch keine Nachricht.

Am 17. Mai traf der General von Pressentin wieder in Rostock ein, und am 18. Mai kamen auch die beiden von Wismar nach Rostock beorderten Kompagnieen unter dem Major von Bülow dort an. Am 19. Mai ging darauf von dem Magistrat zu Bützow die Nachricht ein, dass eine starke Husarenpatrouille des Schillschen Korps sich zu Bützow befunden hätte und wahrscheinlich nach Wismar geritten sei. Sofort traf der General alle nötigen Anordnungen zur Verteidigung. soweit dies bei der Schwäche der Garnison möglich war. Sogleich wurden Pferde requiriert und an jeder Thorwache eine Kanone mit gehöriger Munition aufgefahren. Auch bestimmte der General als Allarmplatz den Platz vor dem Palais, von wo

aus die Truppen dorthin entsandt werden sollten,
wo sie im Falle eines feindlichen Anmarsches nötig
wären. Da die Wachen der Schwäche der Garnison
wegen mit Bürgern besetzt waren, so gab er zur
Sicherheit an die Kröpeliner- und Steinthorwache,
von welcher Seite nur ein Angriff zu befürchten stand,
einen Offizier und besetzte jeden der beiden Schlagbäume mit einem Unteroffizier und sechs Gemeinen,
das Mühlen- und Petrithor aber jedes mit einem
Unteroffizier und drei Gemeinen, damit keine Ueber-
rumpelung stattfinden könnte.

Unterdessen ging gegen Mittag vom Herzoge
der Befehl ein, sogleich die Grenadier-Kompagnie
von Boddin und die Voltigeur-Kompagnie von Bülow,
die tags zuvor mit einem Detachement Husaren (54
Mann) aus Wismar eingetroffen waren. und die Artillerie mit allen Kanonen, sowie den überzähligen
Gewehren und Montierungsstücken unter dem Befehl
des Majors von Bülow nach Ribnitz abmarschieren
zu lassen. Da dieser Marsch am 19. Mai nachmittags
3 Uhr vor sich ging, so blieben nur der Gouverneur,
der Kommandant, die Adjutanten und das Büreau-
personal nebst den oben genannten Invaliden und
3 Husaren in Rostock zurück. Alle Verteidigungs-
anordnungen waren somit wieder aufgegeben. Um
12½ Uhr nachts traf der Major von Bülow in
Ribnitz ein.

Als der Herzog den Befehl zum Abmarsch des
Majors nach Ribnitz gegeben hatte, lag es doch
sicherlich in seiner Absicht, Rostock nicht gegen
Schill zu halten. Welche Einflüsse aber den Herzog
bewogen haben, bereits nach 12 Stunden seinen Plan
zu ändern, ist nicht ersichtlich. Denn bereits am
20. Mai 9 Uhr morgens langte der 2. Flügeladjutant
des Herzogs, Kapitän von Balthasar, in Ribnitz an
mit dem Befehl, von Bülow solle sofort mit seinen
Truppen, Kanonen und Wagen wieder nach Rostock
zurückkehren. Am 20. Mai kurz vor Mittag trat von
Bülow seinen Marsch an, und auf dem Wege nach
Rostock, nahe beim Landkruge, kam bereits wieder
Contreordre, wonach von Bülow die Kanonen,
Munition nebst den in Kisten verpackten Gewehren
unter 1 Offizier, 1 Unteroffizier und 13—15 Artilleristen

in Ribnitz zurücklassen sollte. Die gesamte Artillerie musste also wieder umkehren, und mit den übrigen Truppen rückte von Bülow abends 8 Uhr wieder in Rostock ein.

In der Nacht vom 19. auf den 20. war an den General von Pressentin der Befehl ergangen, morgens 8 Uhr in Doberan zu sein, um vom Herzog mündliche Ordre zu empfangen. Bei seiner Ankunft daselbst zur vorgeschriebenen Zeit hielt der Wagen des Herzogs schon vor der Thüre. Der Herzog überreichte dem General einen schriftlichen Befehl mit dem Bemerken, es wäre alles darin enthalten, wenn er jedoch noch weiterer Auskunft bedürfe, möge er nur nach Güstrow und Waren berichten, wohin er zu reisen gedächte. Der erhaltene Befehl besagte:

1. Der Gouverneur solle nach bester Einsicht Gebrauch von der Garnison machen und Rostock gegen einen coup de main sichern; auch Warnemünde besetzen.
2. Vor einer überlegenen Anzahl des Schillschen Korps solle er sich zurückziehen, wenn er es für ratsam hielte.
3. Er solle die nötigen Massregeln treffen, dass die unter seinem Befehl stehenden Truppen, wenn es nötig sein sollte, nach Ribnitz und weiter über die schwedische Grenze retirieren könnten.

Mittags kehrte der General von Pressentin wieder nach Rostock zurück.

Am Sonntag, den 21. Mai, sandte der General vor Oeffnung der Thore Husaren aus, um die Gegend abzusuchen und, da diese meldeten, dass sie nichts vom Feinde gefunden hätten, wurden die Schlagbäume wieder besetzt, um auf jeden Fall gegen einen Handstreich von Seiten Schills gesichert zu sein. Auch wurde den Domanialämtern Rühn, Doberan, Neu-Bukow, Schwaan und Güstrow aufgegeben, sobald sich etwas vom Feinde zeigen würde, dies sofort nach Rostock zu melden. Sonst blieb alles ruhig.

Am 22. morgens 10 Uhr erfuhr von Pressentin durch Privatnachrichten, dass 3000 Mann des Schillschen Korps in Wismar eingerückt seien, auch war ihm bereits bekannt, dass nach Ankunft eines Kommandos Schillscher Truppen vor Schwerin, der dortige Kommandant Generalmajour von Plessen, der eine ebenso starke Garnison, wie von Pressentin zu Rostock hatte, dasselbe eingelassen und sich bei der Nachricht von dem Aufbrechen Schills aus Dömitz mit der Garnison nach dem Kaninchenwerder zurückgezogen hatte, wodurch er also Schwerin ganz von Truppen entblösste. Auch hatte der Herzog dem Kommandanten von Wismar, Oberst von Bülow, den Befehl erteilt, auf die Nachricht, dass Schill gegen Wismar vorrücke, sogleich den Garnisondienst aufzugeben und die Offiziere nach Rostock gehen zu lassen. Hierzu kam noch, dass der Herzog seinen Adjutanten Major von Boddin nach Dömitz gesandt hatte, um mit Schill die Uebereinkunft zu treffen, dass er unbelästigt in Doberan, wohin er bereits am 21. Mai zurückgekehrt war, bleiben könne. Ausserdem befand sich der Erbprinz mit seiner ganzen Familie in Ludwigslust.

Ebenso wie die Massregel des Generalmajor von Plessen nicht ohne Vorwissen des Herzogs geschehen sein konnte, so liess sich auch nicht aus allem oben angeführten auf die Absicht zu irgend welcher Gegenwehr schliessen, da überdies in einer an den General von Pressentin gerichteten Ordre vom 22. Mai ebensowenig etwas klares darüber enthalten war. Diese besagte nur, ein Piquet auf dem Wege nach Wismar zum Avertissement aufzustellen und beim Heranrücken des Feindes die Zugbrücke aufzuziehen.

Der Herzog wusste bereits, dass Schill auf dem Marsche nach Rostock begriffen sei, sollte daher eine Gegenwehr, wenn auch nur zum Scheine, stattfinden, so hätte der Herzog dies gewiss bemerklich gemacht. Dagegen lag doch wohl in der Wegführung der Geschütze, wodurch dem General jede Möglichkeit genommen wurde, irgendwelche erfolgreichen Massregeln zur Verteidigung zu treffen, grade der stärkste Beweis für das Gegenteil.

Unter diesen Umständen konnte daher der Entschluss zur Gegenwehr nur von den übelsten Folgen sein, denn teils konnten dadurch der Herzog selbst, der Erbprinz und die übrigen Prinzen in die grösste Verlegenheit geraten, teils wäre die Stadt einer

Plünderung und das ganze Land einer feindlichen Behandlung ausgesetzt gewesen. Dazu lief die Garnison Gefahr, gefangen genommen zu werden, auf deren Rettung man doch befehlsgemäss bedacht sein sollte, die jedoch unmöglich wurde, sobald ein überlegener Feind die Stadt angriff. Die an 5 bis 6 Orten leicht zugängliche Stadt mit so schwachen Mitteln verteidigen zu wollen, wäre ein widersinniges Unternehmen gewesen, denn die eigentliche Garnison bestand fast nur aus Invaliden, von denen nur 67 Mann zur Verfügung standen. Jeder war mit 24 Patronen ausgerüstet, doch hatten nur 46 brauchbare, die übrigen keine kalibermässigen Gewehre, und ausserdem fehlten ja alle Geschütze. Zur Aufbietung der Bürgerwehr hatte der General keinen Befehl, auch würde die Teilnahme der Bürger bei dem damals herrschenden Geiste wohl fraglich gewesen sein, da durch die Gegenwehr die Stadt zugleich einer grossen Gefahr ausgesetzt gewesen wäre.

Auf die erhaltene Nachricht von dem Einrücken Schills in Wismar beorderte der Gouverneur die Leutnants von Flotow nach Neuburg und von Brandt nach Neubukow zur Rekognoscierung, um bestimmte Nachrichten über den Feind zu erhalten, da die Aemter Neubukow und Doberan keine Anzeige von heranrückenden Truppen gemacht hatten. Gegen Mittag (22. Mai) war jedoch die Meldung aus Neubukow eingetroffen, dass dort früh morgens eine preussische Husarenpatrouille eingetroffen sei. Die beiden Offiziere kamen jedoch nicht mehr aus der Stadt, denn als von Pressentin sich nach ihrer Abfertigung zu Pferde setzte, um die Wachen zu revidieren und dem Kröpeliner Thor nahe war, kam ihm ein Gefreiter mit der Meldung entgegen, dass ein grosser Teil des Schillschen Korps vorrücke. Hierauf sprengte er zur Hauptwache zurück, liess Allarm schlagen und begab sich alsdann wieder zum Kröpeliner Thor, wo die Schlagbäume geschlossen und die Zugbrücke aufgezogen war. Im Vorbeireiten hatte er noch dem Kommandanten Major von Below, der vor seiner Hausthür stand, zugerufen, dass das Schillsche Korps bereits vor dem Thore sei. In der Thorwache wurde

dem General gemeldet, dass der Leutnant Graf von
Moltke vom Schillschen Korps mit seinem Detachement eingelassen zu werden verlange, was ihm aber
abgeschlagen sei.

Doch folgen wir den genauen Darstellungen des
General von Schultz: „Vor dem Schlagbaum hielt der
Leutnant Graf von Moltke vom Schillschen Husarenregiment an der Spitze von, dem Anscheine nach,
100—200 Mann Husaren und Infanteristen und begehrte, als Parlamentär eingelassen zu werden. Der
Gouverneur befahl, das Thor zu öffnen und begab
sich mit dem Grafen Moltke in die Wachtstube,
wohin ihnen auch der Major von Bülow folgte. Der
Kommandant Major von Below hatte sich wegen
eines kranken Fusses, der ihm das Gehen schlechterdings verbiete, entschuldigen lassen. Hier fragte
der General von Pressentin den Grafen Moltke, was
sein Begehr sei?

„Im Namen meines Chefs, des Königlich preussischen Major von Schill, verlange ich, in die Stadt
eingelassen zu werden!“ erwiderte der Offizier.

Das könne nimmermehr geschehen, er habe den
bestimmten Befehl von Seiner Durchlaucht dem Herzoge, durchaus keine fremden Truppen in die Stadt
einzulassen, sagte der Gouverneur.

„Nun gut denn,“ entgegnete der Offizier, „so
werde ich mit Gewalt eindringen. Ich kenne die
Angriffspunkte der Stadt und die Schwäche der
Garnison ganz genau. Mein Detachement ist 30 Pferde
und 100 Infanteristen stark. Es ist dies die Avantgarde des Major von Schill, welcher mir mit
2000—3000 Mann und mehreren Kanonen auf dem
Fusse folgt.“

Nach diesen Worten machte der Graf Moltke
Miene, sein Pferd zu besteigen, als vom Walle her,
von wo aus man die Strasse nach Wismar weithin
übersehen konnte, lautes Geschrei ertönte: das ganze
Schillsche Korps sei im Anmarsch, man sähe in den
langen Staubwolken deutlich das Blitzen der Gewehre;
es rückten wenigstens 2000—3000 Mann heran. Der
Gouverneur bestieg selbst den Wall und überzeugte
sich von der Annäherung einer anscheinend sehr
überlegenen Truppenmacht.

In die Wachtstube zurückgekehrt, verlangte der Gouverneur Aufschub, bis er dem Herzoge, der in Güstrow sich aufhalte, Meldung erstattet, und bis dessen Befehle eingetroffen seien.

„Das ist gegen meine Ordre," rief der Leutnant von Moltke ungeduldig, „ich soll mit Gewalt eindringen, meine Leute haben Aexte bereit, um die Pallisaden umzuhauen."

Der Gouverneur zögerte. „Herr Leutnant, können Sie mir Ihr Ehrenwort geben, dass Ihr Major Ihnen mit 2000—3000 Mann und mehreren Kanonen auf dem Fusse folgt?" fragte er in grosser Erregung.

„Ganz gewiss!" rief Graf Moltke; „ich gebe Euer Exzellenz mein Ehrenwort darauf!"

„Was soll ich thun, sagen Sie mir Ihre Ansicht!" wandte sich der General an den Major von Bülow.

Der Major zuckte kühl die Achseln und erwiderte, dass er die Ordre des Herrn Generals nicht kenne.

Der Gouverneur befahl hierauf dem Major von Bülow, mit seinen Kompagnieen und den Wagen nach Ribnitz abzurücken, und sagte dem Grafen Moltke: „Wenn der Major abmarschiert ist, steht es nicht mehr in meiner Macht, Ihnen den Einmarsch zu wehren; die Bürger werden Ihnen sodann die Thore öffnen."

Hiermit war der Leutnant von Moltke einverstanden, fügte aber die auffallende Aeusserung hinzu, er befürchte, Unannehmlichkeiten von seinem Chef zu haben, dass er die Stadt nicht mit Gewalt genommen habe.

Diese Aeusserung des Grafen Moltke lässt sich vom politischen Standpunkt vielleicht, niemals aber vom militärischen Standpunkt erklären, denn kein Befehlshaber wird seinem Untergebenen einen Vorwurf daraus machen, wenn er es versteht, sich ohne Anwendung von Gewalt in den Besitz eines vom Feinde besetzten Platzes zu setzen. Der Gouverneur befahl nun dem Major von Bülow, seine Leute von der Thorwache abzulösen und die Thore durch Bürgerwachen besetzen zu lassen . . . .

Der Gouverneur hatte den Grafen von Moltke gebeten, ihm sein Ehrenwort, dass Schill mit seinem Gros ihm auf dem Fusse folge, schriftlich zu geben.

Letzterer war hierzu bereit, doch es fehlte in der
Wachtstube an Feder und Papier. Deshalb liess
der Gouverneur ihn durch den Kapitän von Maizeroi
nach dem Gouvernement führen, um dort die verlangte schriftliche Versicherung aufzusetzen.

Als das Militär die Wache am Thore verlassen,
ritten einige Husaren, welche die Bürger trotz des
Befehls des Gouverneurs, das Thor nicht früher zu
öffnen, bis er mit dem Leutnant von Moltke zurück-
gekommen sei, in die Stadt gelassen, zu ihrem
Offizier und meldeten ihm, dass seine Leute anfingen,
ungeduldig zu werden, und mit Gewalt eindringen
wollten. Hierauf ritt dieser eiligst zurück und führte
sein Detachement in der Stärke von 30 Husaren und
100 Infanteristen in das Kröpeliner Thor in demselben
Augenblick, als der Major von Bülow auf dem Hopfen-
markt das Gewehr aufnehmen liess, um aus dem
Mühlenthor abzumarschieren.

Der Major von Schill mit seinem Gros, welches
man vom Kröpeliner Wall so deutlich wahrgenommen
haben wollte, rückte aber erst in der Nacht in die
Stadt. Die Staubwolken, die man gesehen, rührten
von einer langen Wagenkolonne mit ihrer Bedeckungs-
mannschaft her, auf welcher die Avantgarde die
unterwegs requirierten Lebensmittel und Fourage
mit sich führte.

Der Gouverneur war getäuscht worden und hatte
die Stadt einem Detachement übergeben, welches
nicht mehr als 130 Mann zählte."

So weit die Aufzeichnungen des General von
Schultz.

Der General von Pressentin hatte dafür Sorge
getragen, dass der General von Candras in Stralsund
schleunigst von allem benachrichtigt wurde. Auch
liess er die Uebergabe Rostocks sofort durch den
Adjutanten Leutnant Adolph von Pressentin (P. 14)
dem Herzoge melden, und noch an demselben Tage
überbrachte dieser ihm den Befehl, sich sogleich
nach Schwerin zu begeben und sich bei der dortigen
Kommandantur als Arrestant zu melden. Dort angekommen, erhielt er die Zimmer des Erbprinzen im
Schlosse als Arrest angewiesen, die von einer Schild-
wache bewacht wurden.

Erst nach 6 Wochen, am 1. Juli, trat ein Kriegs-
gericht unter dem Vorsitze des Erbprinzen Friedrich
Ludwig zusammen, und das Urteil fiel dahin aus,
dass dem Generalleutnant von Pressentin wegen seines
ganzen Benehmens vor und während des Schillschen
Detachements vor der Stadt Rostock am 21. und
22. Mai; auch besonders, weil er es unterlassen, vor
Uebergabe der Stadt Kriegsrat zu halten, der gehabte
Arrest als Strafe anzurechnen sei, derselbe auch,
wegen der durch obgedachtes Benehmen bewiesenen
Altersschwäche, von seinem Gouverneurposten in
Ruhestand zu versetzen und dabei mit Rücksicht
seiner vieljährig treu geleisteten Dienste der Gnade
des durchlauchtigsten Herzogs zu empfehlen sei;
übrigens aber die Untersuchungskosten zu erstatten
habe.

Der Herzog bestätigte das Urteil lediglich; genehmigte jedoch auf Bitten des Erbprinzen, dass der
General bei der Publikation in sehr schonender Weise
behandelt wurde. „Seine Durchlaucht haben geruht,
den Generalleutnant von Pressentin seines hohen
Alters wegen in den Ruhestand zu versetzen, und
zur Belohnung seiner vieljährigen treuen Dienste
ihm eine Pension von 1000 Thlr. auszusetzen," lautete
der Parolebefehl vom 22. Juli 1809.

Hiermit endete die militärische Laufbahn des
Generals von Pressentin.

Obgleich der Herzog sowie der Erbprinz alles
mögliche zu seinem Troste beizutragen suchten, und
ihm namentlich bei einem Besuche zu Rostock öffent-
lich mit Hochachtung überhäuften, und obgleich man
sich nach einiger Zeit von seiner Unschuld überzeugte,
so machte doch diese Sache einen so traurigen Ein-
druck auf ihn, dass sie ihm seinen Lebensabend verkümmerte.

Doch eine frohe Begebenheit sollte ihm noch
beschieden sein und seinen Schmerz mildern. Dies
war das Fest der goldenen Hochzeit, die er mit seiner
Gemahlin im Kreise seiner Kinder, Enkel, Verwandten
und zahlreicher Bekannten am 29. Juni 1814 zu Gross-
Kussewitz feierte.

Nach dieser Zeit lebte der alte General mit seiner
Frau noch mehrere Jahre als Privatmann in Rostock.

Er holte noch ein Jahr vor seinem Tode den Grossherzog zu Pferde in voller Generalsuniform von Mönkweden bei Rostock ein und starb darauf, nach einem schmerzvollen Krankenlager im Winter, an Altersschwäche am 27. März 1825, nahezu 86 Jahre alt. Seine Gemahlin starb zu Rostock am 7. April 1836. Sie war am 20. November 1742 geboren, erreichte also das hohe Alter von rund 93 Jahren. Die Leiber beider ruhen in der Grabkapelle zu Prestin. Bernhard hatte aus 2. Ehe 3 Kinder:

1. Georg Karl Gerd, geb. 30. April 1767 (5).
2. Katharina Magdalena Friederike, am 17. Dezember 1770 zu Rostock geboren, war im Kloster Dobbertin unter Nr. 509 eingeschrieben. Sie starb aber bereits am 14. Februar 1784.
3. Johanna Wilhelmine, am 20. März 1775 in Rostock geboren, und im Kloster Malchow unter Nr. 338 eingeschrieben, wurde 1796 die Gemahlin des am 25. September 1760 zu Dobbertin geborenen Majors Gottlieb Friedrich von Bülow auf Wamekow, welcher am 21. September 1836 starb. Johanna folgte ihm am 9. Januar 1867 zu Sternberg in die Ewigkeit.

3. **Friedrich** Christoph,
1746—1818 (v. G. 59),

erblickte zu Rostock am 11. Januar 1746, als zweiter Sohn Georg Karls und dessen Gemahlin Magdalena von Bülow, das Licht dieser Welt. Er widmete sich dem Soldatenstande und trat als Fähnrich in Mecklenburgische Dienste. Da aber hier das Avancement schlecht war, so nahm er seinen Abschied und ging nach Braunschweig. Als braunschweigischer Kapitän befand er sich bei den Subsidientruppen, welche 1788 nach Holland gingen, und stand in Mastricht in Garnison. 1791 kehrte er mit diesen Truppen nach Braunschweig zurück, worauf er Major und später Oberstleutnant wurde. Als jedoch Braunschweig dem Königreich Westphalen einverleibt wurde, erhielt er seinen Abschied und starb am 1. Januar 1818.

Friedrich war mit einem Fräulein Otto vermählt, doch ist diese Ehe kinderlos geblieben.

4. Christian Ludwig,

1752—1785 (v. G. 60),

am 19. Februar 1752 zu Bützow geboren, ergriff ebenfalls die militärische Laufbahn in Mecklenburg, wo er es bis zum Premierleutnant brachte. Er starb jedoch schon am 14. Juni 1785 zu Rostock, 36 Jahre alt, an der Bräune. Verheiratet ist er nicht gewesen.

5. Georg **Karl** Gerd,

1767—1821 (v. G. 69),

der einzige Sohn Bernhards, wurde am 30. April 1767 zu Rostock geboren. Er besuchte das Stadtgymnasium bis Prima, erhielt bereits am 13. September 1780 ein geheimes Patent als Fähnrich, und erschien, 1782 zum Sekondleutnant befördert, nach seiner Konfirmation Palmarum 1783 am 16. April 1783 zuerst als Offizier auf der Parade in seines Vaters Regiment. 1788 ging er als Adjutant mit den Subsidientruppen nach Holland, wurde jedoch 1790 wieder nach Mecklenburg, Garnison Schwerin, versetzt und 1794 zum Stabskapitän befördert. Nach drei Jahren wurde ihm das Kommando einer Kompagnie in Rostock übertragen. 1801 wurde er expectiviert auf die Kommende Wietersheim des (1810 aufgehobenen) Johanniter-Maltheser-Ordens. Der 8. Juni 1808 brachte ihm seine Beförderung zum Major und die Ernennung zum Chef des II. Bataillons. Mit diesem marschierte von Pressentin im März 1809 als Rheinbundstruppe nach Stralsund, wo alles nach französischer Art organisiert wurde. Hier in Stralsund wurde er nach einigen Wochen seiner Anwesenheit daselbst zum Kommandanten dieser Stadt ernannt. Doch musste er mit seinem Bataillon im Mai nach Damgarten aufbrechen, um dort dem Major von Schill entgegenzutreten. Er wurde jedoch am 24. Mai 1809 mit Uebermacht angegriffen und, nachdem alle Munition verschossen, wurde das Kommando zersprengt und gefangen nach Stralsund geführt.

Schills Korps zählte über 3000 Mann, während von Pressentins Mannschaft aus ungefähr 600 Mann bestanden hatte, die schlecht bewaffnet und nur ganz unzureichend mit Munition versehen waren. So hatte

das 40 Mann zählende Korps des Major von Bülow
für den Mann nur etwa 2 Patronen, welche noch zum
Teil nicht in die Gewehre passten. Die 6 Geschütze,
welche er bei sich führte, waren schlecht mit Bauern-
pferden bespannt; auch hier war nicht genügende
Munition vorhanden, und ausserdem fehlte es an
tüchtigen Artilleristen. Dem Major von Pressentin
wurde bei diesem Gefecht der Federbusch und Hut
zerschossen, auch erhielt er für sein Verhalten von
der französischen Generalität eine Belobigung. Der
Verlust, den die Mecklenburger an Geschützen,
Montierungskosten etc. durch Schill, der unter anderem
von Dömitz noch 4 metallene und 24 eiserne Geschütze
mitgenommen hatte, erlitten, wurde auf 70 000 Thlr.
berechnet. Doch hatte von Pressentin das Glück,
dem Herzoge am 23. Juni 1809 noch 9 Geschütze zu
retten.

Nach seiner Befreiung durch die Dänen und
Holländer stand er noch bis zum November 1810 in
Pommern, und zwar im Juni 1809 in Greifswald und
später wieder als Kommandant in Stralsund. Dann
kehrte er wieder nach Rostock zurück. Doch bereits
im März 1812 stand er in Warnitz zwischen Küstrin
und Soldin, marschierte von dort über Posen, Gnesen,
Bromberg nach Danzig, wo er ungefähr vom 22. April
bis 25. Mai 1812 blieb. Aber auch die Mecklenburger
mussten am Feldzuge Napoleons gegen Russland teil-
nehmen. Daher gelangte von Pressentin von Danzig
nach Wilna [17. Juni bis 13. September 1812] und
marschierte dann weiter nach Dorogobucz (Russland).
Nachdem Napoleon befohlen hatte, dass die Armee
Winterquartiere beziehen sollte, erhielt er Urlaub
und ging Ende November nach Mecklenburg. Zugleich mit ihm reiste auch der General Valois, der
im Mai 1809 Pressentin vorgezogen und Oberst geworden war, nach Königsberg ab. Hierdurch kam
es, dass beide nicht in den für die Truppen der
grossen Armee Napoleons so verhängnisvollen Rück-
zug hineingezogen wurden.

Im Frühling 1813 erhielt Karl den Königlich
Preussischen Johanniter-Orden. Dann machte er den
Feldzug an der Elbe gegen Frankreich mit, stand
anfangs (11. Mai) in Wittenburg, darauf (11. Juni) in

Dobbertin. Da er jedoch einsah, dass er bei Hofe nicht recht beliebt war, so nahm er im Herbst 1813 seinen Abschied, und übernahm Johannis 1814 die Pachtung Albertsdorf, die er jedoch schon nach 3 Jahren an die Kammer zurückgab. Anstatt einer Pension erhielt er für einen äusserst geringen Pachtschilling — wie dies damals üblich war — die Domäne Petersdorf im Kirchspiel Kloster Ribnitz, wo er bis zu seinem am 23. Mai 1821 in Rostock erfolgten Tode wohnte.

Karl vermählte sich am 25. Januar 1791 mit Elisabeth Auguste Karoline Charlotte von Zepelin, einer Tochter des Oberhauptmanns Andreas Friedrich von Zepelin auf Wulfshagen, Wohrensdorf und Horst, und der Katharina Magdalena Wilhelmine von Moltke aus dem Hause Schorssow. Sie war am 10. Oktober 1767 zu Wohrensdorf geboren und starb am 19. Oktober 1828 zu Wismar.

Dieser Ehe entstammen 12 Kinder:

1. Magdalena Karoline Friederike, am 1. Dezember 1791 zu Rostock geboren, wurde im Kloster Dobbertin unter Nr. 691 eingeschrieben. Sie starb aber schon am 23. August 1793 zu Rostock.

2. Eva Wilhelmine Auguste Hedwig, geboren am 21. August 1793 zu Rostock und im Kloster Dobbertin unter Nr. 709 eingeschrieben, vermählte sich am 1. Oktober 1813 mit dem nachmaligen Oberappellationsrat Dr. Christian Karl Friedrich Wilhelm Freiherrn von Nettelbladt, der, am 15. Februar 1779 geboren, am 9. Juni 1843 zu Rostock starb. Wilhelmine war ihrem Gemahl bereits am 7. September 1831 zu Parchim in die Ewigkeit voraufgegangen.

3. Friederike Franziska Louise, am 24. März 1795 zu Rostock geboren und im Kloster Malchow unter Nr. 444 eingeschrieben, verheiratete sich am 31. März 1815 in erster Ehe mit dem Postrat Johann Friedrich Kenzler,[1])

---

[1]) Ein Bild von ihm (ganze Gestalt, in Uniform) ist gedruckt Meckl. Jahrb. f. Gesch. LXII, S. 328.

richs

Bar
von

† 4.

ver

aus d
Lel

ch von
ruar 1
ni 171

welcher am 26. Dezember 1824 zu Wismar
starb. In zweiter Ehe war Friederike seit
dem März 1826 mit dem Leutnant Adolph
Görbitz, der am 18. Juni 1847 zu Rostock
starb, vermählt. Sie schied am 15. Juli 1848
in Rostock aus dieser Welt.

4. **Bernhardine Amalie Johanna**, zu Schwerin
am 9. Februar 1797 geboren und im Kloster
Ribnitz eingeschrieben, heiratete am 18. April
1827 den Bürgermeister Dr. Rothbart zu Plau,
wurde jedoch am 24. Oktober 1830 wieder geschieden und starb am 19. Mai 1879 zu Rostock.

5. **Otto Bernhard**, geb. 18. September 1798 (6).

6. **Magdalena Dorothea**, am 27. Februar 1800
zu Rostock geboren und unter Nr. 790 im
Kloster Dobbertin eingeschrieben, wurde am
18. April 1817 die Gemahlin des Hofrat,
späteren Erb-Landmarschall von Lüneburg,
Wilhelm Friedrich Christian Ludwig von
Meding, der am 1. Juli 1785 zu Lüneburg
geboren wurde. Magdalena starb als Witwe
am 15. Febr. 1881 zu Rostock.

7. **Johann Wilhelm,** geboren 9. November 1801 (7).

8. **Karl Friedrich**, geboren 28. April 1803 (8).

9. **Dietrich Ludwig Karl**, geboren 16. März
1805 (9).

10. **Wilhelm Jaspar Friedrich**, geb. 5. August
1807 (10).

11. **Totgeborener Knabe**, geboren 15. September
1809.

12. **Dietrich Wilhelm Otto Friedrich**, geboren
13. Februar 1811 (11).

6. Otto **Bernhard von Pressentin** gen. **von Rautter,**

1798—1855,

wurde am 18. September 1798 zu Rostock geboren
und trat im Jahre 1815 in Königlich Preussische
Militärdienste. Er wurde am 28. August 1819 Sekondleutnant und am 14. November 1834 zum Premierleutnant befördert, im Kürassier-Regiment Nr. 5 in
Danzig, Königsberg und Riesenburg stehend.

Am 10. Juni 1833 hatte sich Bernhard mit Auguste Ottilie Friederike Wilhelmine Luise von Rautter, Tochter des 1814 verstorbenen Hauptmanns Gustav von Rautter auf Willkamm c. p. und der Minna von Saucken, vermählt. Sie war am 5. Dezember 1813 geboren und starb am 20. März 1855. Nachdem Bernhard am 13. Januar 1835 seinen Abschied genommen hatte, zog er auf das von ihm gekaufte Gut Kanothen bei Gerdauen in Ostpreussen. Er starb am 2. August 1855 zu Kanothen, wenige Monate nach seiner Gemahlin und einige Wochen vor deren Mutter, die den Niessbrauch der seiner Gemahlin gehörenden von Rautterschen Güter hatte und am 21. September 1855 mit dem Tode abging.

Was die Familie von Rautter anbetrifft, so ist dieselbe aller Wahrscheinlichkeit nach von Oesterreich nach Preussen gekommen. Im Jahre 1474 erhielt Niclas von Rautter von dem Hochmeister des Deutschen Ritterordens, Heinrich von Richtenberg, das Gut Willkamm für Dienste, die er dem Orden geleistet, für sich und seine Nachkommen als Allod. Dieser Niclas von Rautter ist der Begründer der von Rautter-Willkammschen Linie. Im Laufe der Zeit kamen teils durch Kauf, teils durch Verleihung des Ordens bedeutende Güter zu Willkamm hinzu, wurden aber durch Erbteilung mit Seitenverwandten wieder davon getrennt.

Im Anfange des 18. Jahrhunderts gehörten dem Oberstleutnant Ernst Ludwig von Rautter die Güter: Willkamm, Fritzendorf, Althagel, Krausen, Schaetzels, Koskeim, Blandau, Aftinten, Spierau, Arnsdorf, Schellenberg, Rehsau und Rosenstein. Die vier Kinder teilten den Besitz unter sich. Christoph Ludwig von Rautter, der älteste 1726 geborene Sohn, erhielt Willkamm, Fritzendorf und Althagel. Er stand, wie die meisten Glieder der Familie, im 1. Königlich Preussischen Infanterie-Regiment, damals Lehwald'sches Regiment zu Fuss, nahm als Leutnant seinen Abschied, trat die Güter 1756 an und vermählte sich mit einem Fräulein von Hirsch. Aus dieser Ehe entspross ein Sohn, Friedrich Ludwig von Rautter, welcher am 6. Dezember 1775 Fähnrich im Alt-Stutterheim'schen Regiment wurde, am 1. Mai 1784 aber

seinen Abschied aus dem Anhalt'schen Regiment nahm,
um die ihm nach dem Tode des Vaters zugefallenen
Güter zu übernehmen. Er vermählte sich mit Albertine
Freiin von Schenck zu Tautenberg aus dem Hause
Partsch, und hatte mit derselben einen Sohn und
zwei Töchter, die ihn überlebten. Der Sohn war
Gustav Ludwig Johann von Rautter, geboren 1788,
die Töchter Mathilde, vermählt mit dem Hauptmann
von Lehwald, und Lisette, vermählt an den Grafen
Eulenburg auf Gallingen, ⁵/₄ Meilen südlich von
Bartenstein. Gustav Ludwig wurde 1804 Fähnrich,
1807 Leutnant im Regiment von Rucckel, nahm jedoch
bereits am 23. März 1808 seinen Abschied, um in
demselben Jahre die väterlichen Güter zu übernehmen,
nämlich Willkamm, Fritzendorf, Althagel und Rauttershof, welch letzteres sein Vater erbaut hatte. Er vermählte sich 1810 mit Minna von Saucken aus dem
Hause Raudischken († 21 September 1855).
. Als 1813 König Friedrich Wilhelm III. sein Volk
gegen Napoleon zu den Waffen rief, verliess auch
von Rautter seine Familie und sein Besitztum. Er
trat als Hauptmann in die damals gebildete ost-
preussische Landwehr, welche die Bestimmung hatte,
Danzig in Gemeinschaft mit den Russen zu belagern.
Gegen Ende des Jahres 1813 wurde er an der Spitze
seiner Kompagnie bei dem Sturm auf die Juden-
schanze schwer verwundet und starb bald darauf an
den erhaltenen Wunden im Jahre 1814 zu Schönfeld
bei Danzig.

Er hinterliess zwei Töchter, von denen die ältere
in zartem Alter starb, die jüngere, am 5. Dezember
1813 geborene, Auguste Ottilie Friederike Wilhelmine
Luise aber die väterlichen Güter erbte und auch das
von einem entfernten Verwandten (Samuel Christoph
Sigismund von Rautter, der aus Schlesien nach Ostpreussen gekommen war) gestiftete „von Rautter-
Mehleden'sche Geld-Fideikommiss" erhielt.

Der jungen Witwe, welcher der lebenslängliche
Niessbrauch der Güter vermacht war, gelang es nur
mit Mühe, die schwerverschuldeten und im Kriege
heruntergekommenen Güter für sich und ihre Tochter
zu erhalten. Letztere vermählte sich mit dem Leutnant Otto Bernhard von Pressentin, welcher, da die

von Rautter bis auf die genannte Tochter ausgestorben
waren, infolge eines Königlich Preussischen Diploms
d. d. Berlin, 8. Mai 1833, für sich und seine Nachkommen den Namen „von Pressentin genannt von
Rautter" und ein aus beiden Familienwappen zu-
sammengesetztes neues Wappen annahm.

Bernhards Ehe war mit 6 Kindern gesegnet:
1. Gustav, geboren 19. Juni 1834 (12).
2. Karl, geboren 22. Januar 1836 (13).
3. Bernhard, geboren 31. August 1837 (14).
4. Botho, geboren 10. April 1840 (15).
5. Auguste Albertine Mathilde Minna Elisabeth,
   am 14. Januar 1842 zu Kanothen geboren
   und im Kloster Dobbertin unter Nr. 1236 eingeschrieben, verheiratete sich 1860 mit dem
   Major a. D. Friedrich von Berg auf Markienen,
   ½ Meile nordwestlich von Bartenstein. Sie
   ist seit dem 30. April 1888 Witwe.
6. Ernst, geboren 11. September 1844 (16).

12. Karl Ludwig Wilhelm Bernhard **Gustav,**
1834—1884,

wurde am 19. Juni 1834 zu Kanothen geboren und
trat im April 1853 bei dem Königlich Preussischen
1. (Leib-) Husaren-Regiment ein, wo er am 8. Februar
1855 zum Leutnant befördert wurde. Doch schon am
22. Oktober 1856 nahm er seinen Abschied aus dem
aktiven Dienste und vermählte sich am 29. Mai 1857
mit Gertrud von Podewils, Tochter des Erb- und
Lehnsherrn Wilhelm von Podewils auf Penken und
Seeben und der Dorothea Gräfin von der Goltz. Sie
ist am 29. April 1836 geboren. Gustav wurde am
15. September 1857 in das 3. schwere Landwehr-
Reiter-Regiment einrangiert und trat, nachdem er
für volljährig erklärt war, die ihm von der mütterlichen Grossmutter vererbten Güter am 1. Juni 1858
an. Es waren ihm in der Teilung zugefallen: Willkamm (mit den Vorwerken Fritzendorf, Althagel,
Rauttershof) und Krausen.

Nach dem Tode seiner Mutter wurde er Herr des
von Rautter-Mehledenschen Fideikommisses. An dem

Kriege 1870/71 gegen Frankreich beteiligte sich Gustav als Johanniter. Er starb im Alter von 50 Jahren am 14. Juni 1884 mit Hinterlassung von 6 Kindern:

1. Christoph, geboren 28. Oktober 1858 (25).
2. Bernhard, geboren 12. März 1860 (26).
3. Gerd, geboren 8. Mai 1861 (27).
4. Auguste Dorothea Gertrud, am 23. August 1863 zu Willkamm geboren, vermählte sich am 31. Oktober 1884 zu Willkamm mit dem Majoratsherrn Georg von Kunheim auf Juditten, nordöstlich von Bartenstein.
5. Gertrud Marie Adolphine Elise Fernanda, geboren am 31. Mai 1868, ist mit dem General-major Alexander Graf von der Goltz seit dem 5. Oktober 1885 vermählt.
6. Niklas, geb. 18. November 1874 (28).

25. Gustav Ludwig Wilhelm Bernhard
Christoph

wurde am 28. Oktober 1858 zu Willkamm geboren und trat in Königlich Preussische Militärdienste. Doch nahm er nach dem Tode seines Vaters 1884 als Leutnant seinen Abschied aus dem aktiven Dienst, um das ihm zugefallene Majorat Willkamm zu übernehmen. Im Jahre 1886 vergrösserte er seine Besitzungen durch den Ankauf des südöstlich von Willkamm gelegenen Rittergutes Schaetzels, welches, wie wir oben gesehen haben, schon in früherer Zeit einmal der Familie von Rautter gehört hatte. Zum Premierleutnant befördert, ist er jetzt Rittmeister der Reserve des 3. Garde-Ulanen-Regiments, auch Rechtsritter des Johanniter-Ordens und Königlich Preussischer Kammerherr.

Christoph vermählte sich zu London am 30. Juli 1890 mit Bertie Brayley-Fisher, Tochter des verstorbenen englischen Marineoffiziers und Gutsbesitzers E. J. C. S. Brayley-Fisher und dessen Gemahlin geb. Gresham. Ihm sind zu Willkamm 3 Kinder geboren:

1. Samuel Ernst Christoph, geboren 2. August 1891.
2. Bertie Cecil Viktor Gustav Bernhard Ludwig, geboren 8. Mai 1896.
3. Sohn, geboren 16. August 1899.

26. **Bernhard** Bogislav Botho Ernst von Podewils

wurde am 12. März 1860 zu Willkamm geboren. Er stand als Leutnant im 2. Leib-Husaren-Regiment Nr. 2 in Posen und unternahm von dort einen Distanzritt nach Wien, den er in 80 Stunden zurücklegte. Der Kaiser Franz Joseph liess sich von ihm, der mit seinem Pferde wohlbehalten angekommen war, das Pferd vorreiten und zog ihn zur Tafel. Am 27. April 1887 vermählte er sich mit Alice von Bockelmann, 2. Tochter des Generalmajor von Bockelmann und dessen Gemahlin geb. Pohl zu Posen. Er schied am 13. Dezember 1888 aus dem Regiment, in dem er Regimentsadjutant gewesen war und trat zu den Reserve-Offizieren desselben über, wo er auch jetzt noch, nachdem er Premierleutnant geworden, als Rittmeister steht. Er ist Rechtsritter des Johanniter-Ordens.

Bernhard ererbte von seinem am 3. August 1888 verstorbenen Mutter-Bruder Wilhelm von Podewils das Gut Penken[1]) mit Seeben, mit der Verpflichtung, aus demselben ein Majorat zu bilden. Nach den vom König bestätigten Fideikommiss-Bestimmungen über Penken musste er mit der Annahme des Gutes allein den Namen und das Wappen von Podewils führen, ohne einen Zusatznamen. Seit dem 19. Mai 1890 heisst er daher von Podewils. Seine etwaigen Kinder heissen von Pressentin genannt von Rautter, bis ein Sohn mit Annahme des Gutes auch Namen und Wappen derer von Podewils anzunehmen hat. Stirbt er jedoch kinderlos, so fällt das Gut aus seiner Familie.

27. Gerd,

am 1. Mai 1861 zu Willkamm geboren, starb schon in demselben Jahre am 15. Dezember daselbst.

28. Niklas Gustav Georg

wurde am 18. November 1874 zu Willkamm geboren. Er hielt sich bei seiner Mutter, die seit 1890 in

---

[1]) Nordwestlich von Preussisch Eylau, südöstlich von Creuzburg.

Königsberg wohnt, auf und besuchte das dortige Gymnasium. Dann ging er nach Berlin und Karlsruhe, um sein Examen zu machen. Im Jahre 1896 war er in Genf, wo er die Absicht hatte, Kaufmann in einem Gross-Geschäft oder an einer Bank zu werden und hält sich augenblicklich in Malaga auf.

13. Karl,

am 22. Januar 1836 geboren, starb am 22. September 1837 zu Willkamm.

14. Hermann Ernst Bernhard,

am 31. August 1837 zu Kanothen geboren, trat im April 1855 als Avantageur in das Kürassier-Regiment Nr. 3 ein und wurde im Januar 1858 als Leutnant in das Garde-Kürassier-Regiment versetzt. Nach erlangter Volljährigkeit übernahm er als Erb- und Majoratsherr das Gut Kanothen. Am 29. August 1862 vermählte er sich mit Adolphine von Oldenburg, Tochter des Rittmeisters a. D. und Mitglied des Herrenhauses Botho von Oldenburg auf Beisleiden und dessen erster Gemahlin Adolphine Brunsig Edle von Brunn. Sie ist am 16. November 1841 geboren.

Bernhard nahm an dem Kriege 1866 in Böhmen teil und nahm als Rittmeister seinen Abschied. Im Jahre 1886 kaufte er das östlich von Kanothen gelegene etwa 1300 Morgen grosse Gut Rauttersfelde für seinen Sohn. Seit 1893 ist er Mitglied des Hauses der Abgeordneten.

Ihm ist ein Sohn geboren, namens Bernhard, geb. 1. Dezember 1863.

29. Bernhard,

am 1. Dezember 1863 zu Kanothen geboren, trat in Königlich Preussische Militärdienste und wurde 1885 Leutnant im 2. Garde-Ulanen-Regiment. Am 8. Oktober 1887 vermählte er sich, nachdem er am 17. Juni seinen Abschied erhalten und zu den Reserve-Offizieren des Regiments übergetreten war, mit Helene Freiin von Wrangel, Tochter des Oberstleutnants a. D. und Rittergutsbesitzers Freiherrn von Wrangel auf

Krukenfeld und seiner Gemahlin Margarete von Alvensleben. In demselben Jahre wurde ihm von seinem Vater das Gut Rauttersfelde übereignet, wo er auch jetzt wohnt. Er ist jetzt Oberleutnant der Garde-Landwehr-Kavallerie 1. Aufgebots.

Ihm sind zu Rauttersfelde 2 Kinder geboren:

1. Margarete, am 28. Dezember 1888 geboren, ist im Kloster Dobbertin eingeschrieben.
2. Oskar Botho Ernst Bernhard, geb. 22. November 1890.

---

15. Ernst Franz Alexander **Botho,**

am 10. April 1840 zu Kanothen geboren, trat im Oktober 1858 als Avantageur in das Königlich Preussische 1. Garde-Dragoner-Regiment zu Berlin ein, wo er zum Leutnant befördert wurde. Er verheiratete sich in erster Ehe am 17. Dezember 1862 zu Berlin mit Fernanda von Wolff, Tochter des Geh. Oberregierungsrats a. D. von Wolff und dessen Gemahlin Mathilde, geb. Hennenberg. Sie war am 13. November 1839 geboren. Diese Ehe wurde 1873 zu Friedeberg i. Neumark wieder geschieden. Fernanda starb am 12. Februar 1888 zu Frankfurt a. O., wo sie lange Zeit gelebt hat. Am 28. Juli 1874 schritt Botho zur 2. Ehe mit Victorine Susanna Margot von Franzius, der am 18. Juli 1846 zu Danzig geborenen Tochter des Rittergutsbesitzers und Konsuls Kaufmann Friedrich Wilhelm von Franzius († 15. XII. 1891) und der Marie geb. Michelet.

Botho nahm 1863 seinen Abschied aus dem aktiven Dienste. Doch wurde er 1866 zum 2. Garde-Dragoner-Regiment eingezogen und 1870 that er Dienste als Premierleutnant im Ostpreussischen Dragoner-Regiment Nr. 10. Er ist jetzt Rittmeister a. D.

Nach seinem Abschied wohnte er 1863—1864 in Gusitz bei Polkwitz in Schlesien, 1865 in Nieder-Schönfeld bei Bunzlau. Im Jahre 1875 hatte er seinen Wohnsitz in Berlin, von wo aus er 1881 nach Steglitz bei Berlin übersiedelte. Botho wurde 1887 in den Vorstand des deutschen Schriftstellervereins gewählt und war Subdirektor der preussischen Lebens-versicherungs-Aktiengesellschaft zu Berlin. Vielfach als Schriftsteller thätig, sind von ihm unter anderen folgende Schriften erschienen:

Aus den Lebensbahnen. 1886.
Erlösende Worte. 1886.
· Apokalypse. 1888. — 2. Aufl. 1889.
Die Frau Marquise. 2 Bde. 1889 (in 3. Aufl. 1891).
Strassburg unser! Bis ans Meer. 1889 (in 3. Aufl. erschienen 1891).
Wenn und Aber. 1891.

Beide Ehen Bothos sind mit Kindern gesegnet. Aus erster Ehe stammen:

1. **Auguste** Elise Mathilde Fernanda wurde am 27. Januar 1864 zu Gusitz geboren. Sie lebte mit ihrer Mutter in Frankfurt a. O. und hat nach dem Tode derselben die dortige Wohnung beibehalten.

2. **Gustav**, geb. 5. März 1865 (30).

3. **Mathilde** Auguste Elise Fernanda, am 19. Januar 1867 zu Deutsch-Eylau geboren, lebte seit 1876 bei ihren Verwandten in Kanothen. Sie ist seit 1898 mit Richard von Mosch verheiratet.

4. **Frieda** Klara Adolphine ist am 12. Juli 1870 zu Friedeberg geboren. Sie lebt mit ihrer ältesten Schwester zusammen in Frankfurt a. O.

5. **Anna** wurde am 29. März 1872 zu Friedeberg geboren.

Aus zweiter Ehe stammen:

6. **Auguste** Margot Irmgard ist am 18. September 1875 zu Berlin geboren.

7. **Botho**, geb. 14. Juni 1877 (31).

8. **Hertha** Emmy Elise Edith wurde zu Berlin am 18. Februar 1879 geboren.

9. **Helmuth**, geb. 2. November 1881 (32).

30. Gustav,

am 5. März 1865 zu Nieder-Schönfeld geboren, schied bereits am 6. März 1865 wieder aus diesem Leben.

31. **Botho** William Bernhard Gustav, zu Berlin am 14. Juni 1877 geboren, hat die militärische Laufbahn ergriffen. Er trat als Fahnenjunker in das Jäger-Bataillon von Neumann (1. Schlesisches) Nr. 5 in Hirschberg ein, wo er seit dem 27. Januar 1899 als Leutnant steht.

32. Otto Wilhelm **Helmuth** Gustav ist am 2. November 1881 in Steglitz bei Berlin geboren und hält sich noch im elterlichen Hause auf.

16. Otto Wilhelm **Ernst,**
1844—1899,

wurde am 11. September 1844 zu Kanothen geboren und besuchte das Gymnasium zu Königsberg. Er machte im Februar 1863 das Fähnrichsexamen und trat darauf in das Lithauische Ulanen-Regiment Nr. 12 in Insterburg ein. Schon am 20. Februar rückte er wegen der Polnischen Wirren mit seinem Regiment nach Posen aus. In die Garnison zurückgekehrt wurde er am 10. Oktober Potepec-Fähnrich und ein Jahr darauf, am 11. Oktober 1864, zum Sekondleutnant befördert. Im Jahre 1865 kam er nach Friedland a. d. Alle in Garnison. Dann machte er den Feldzug 1866 gegen Oesterreich in Böhmen mit und focht am 3. Juli 1866 bei Chlum in der Schlacht bei Königgrätz. Er wurde mit dem Erinnerungskreuz für 1866 am Bande für Kombattanten ausgezeichnet. In den Jahren 1868 und 1869 machte Ernst grössere Reisen, die ihn 1868 durch Frankreich nach Spanien und die Schweiz führten, 1869 besuchte er Petersburg und Moskau.

Am 12. April 1870 wurde er in das Brandenburgische Kürassier-Regiment Kaiser Nicolaus I. von Russland Nr. 6 nach Brandenburg a. H. versetzt und machte bei diesem Regiment den Feldzug 1870/71 gegen Frankreich mit. Am 10. November trat sein Armeekorps unter das Kommando des Grossherzogs Friedrich Franz II. von Mecklenburg-Schwerin und am 1. Dezember unter den Befehl des Prinzen Friedrich Karl von Preussen. Während dieser Zeit that Ernst fast immer Dienste als Quartiermacher.

Am 15. Januar 1871 wurde ihm in Le Mans das eiserne Kreuz 2. Klasse verliehen, am 2. März 1871 war er in Versailles. Darauf erhielt er am 26. März in Troyes einen sechswöchentlichen Urlaub, den er zu einer Reise nach Willkamm und Kanothen benutzte, wo er von seinen Verwandten herzlich empfangen wurde. Nachdem er die Gefahren des ganzen Feldzuges unverwundet und ohne ernstliche Erkrankung überstanden hatte, erkrankte er in Königsberg i. Pr. an den Varioliden-Pocken. Diese Pocken hausten damals in Frankreich fast überall und hatte er sich den Keim dieser Krankheit wohl von dort mitgebracht. Ausserdem stellte ärztliche Untersuchung einen Rippenbruch bei ihm fest, zu dessen Heilung er sich alsbald nach Wiesbaden zur Benutzung der dortigen Bäder begab und daselbst bis zum 26. August 1871 verblieb. Von dort aus begab er sich wieder in seine Garnison bei der Occupations-Armee nach Chalons sur Marne. Hier wurde er zum Regimentsadjutanten ernannt und am 1. Februar 1872 zum Premierleutnant befördert. Am 1. Dezember nahm er wiederum einen achtwöchentlichen Urlaub nach Ostpreussen, nach dessen Beendigung er nach Frankreich zurückging. Am 30. März 1873 wurde er auf dem Wege nach Commercy von seinem verunglückten Wagen über Rücken und Schultern überfahren und sehr schwer verletzt. Nach Vaucouleurs gebracht, erholte er sich dort wieder und besuchte am 13. April seinen Vetter Bernhard von Pressentin, der in Champigny stand. Endlich Ende Juli 1873 wurde der Marsch in die Heimat angetreten und am 6. August traf das Regiment wieder in seiner alten Garnison ein.

Hierauf nahm Ernst als Premierleutnant seinen Abschied und hat seitdem häufig seinen Wohnort gewechselt. Zuerst wohnte er in Wiesbaden, zog 1886 nach Skandlack[1]), worauf er im Oktober 1889 seinen Aufenthalt nach Silginnen[2]) verlegte und von dort aus im Oktober 1890 nach Poehnen[3]) zog, wo er am 24. März 1899 gestorben ist.

---

[1]) Nordöstlich von Barten in Ostpreussen.
[2]) Bei Gerdauen.
[3]) Bei Woeterkeim in Ostpreussen.

Ernst war seit dem 15. Januar 1866 mit Elisabeth Freiin von Vietinghoff-Scheel, Tochter des Freiherrn Theodor von Vietinghoff-Scheel zu Mitau und der Hermine von Boyen verheiratet, doch lebte er die letzten 15 Jahre von seiner Gemahlin wegen deren schweren Nervenleidens getrennt. Die Ehe war kinderlos.

7. Johann **Wilhelm,**
1801—1867,

am 9. November 1801 zu Rostock geboren, trat 1818 in Königlich Preussische Militärdienste. Er stand zuerst bei der Artillerie, später bei der Infanterie und zwar beim 4. Infanterie-Regiment in Danzig, wo er auch zum Major befördert wurde und 1857 als Oberstleutnant seinen Abschied nahm. Er wohnte nun einige Zeit in Stralsund, doch verlegte er 1859 seinen Wohnsitz nach Schavar in Ungarn. Später nahm er jedoch wieder Militärdienste und wurde Bezirkskommandeur in Soldin. Als solcher erhielt er den roten Adler-Orden 4. Kl. und wurde zum Obersten befördert. Er starb am 2. September 1867 zu Soldin.

Wilhelm verheiratete sich in erster Ehe 1840 mit Friederike, verwitwete von Reibnitz, geb. von Hosius, die nach 12jähriger Ehe am 29. März 1852 zu Danzig kinderlos starb. In zweiter Ehe war er seit dem 1. Januar 1853 mit seiner Schwestertochter Auguste Kenzler, Tochter des Postrats Johann Friedrich Kenzler und der Friederike Franziska von Pressentin verheiratet. Auguste ist am 24. Juni 1824 zu Parchim geboren und zog, nachdem sie Witwe geworden war, etwa 1868 nach Wismar und von dort 1872 nach Rostock, wo sie mit ihrer Stiefschwester Lisette Görbitz zusammen lebt.

8. **Karl** Friedrich,
1803—1881,

wurde am 28. April 1803 zu Rostock geboren. Auch er widmete sich dem Soldatenstande und trat 1818

in Grossherzoglich Hessen-Darmstadt'sche, darauf im
Juli 1821 in Grossherzoglich Mecklenburg-Schwerinsche
Militärdienste, in welchen er abwechselnd in Schwerin,
Rostock und Wismar stand. Am 2. Juli 1821 zum
Sekondleutnannt ernannt, wurde er am 3. Oktober
1834 Premierleutnant und that vom 3. Oktober 1834
bis 6. April 1838 Dienste in dem nachmaligen Jäger-
Bataillon Nr. 14. Der 5. April 1840 brachte seine
Beförderung zum Stabskapitain und 3 Jahre später,
am 10. Dezember 1843, erhielt er das Kommando
über eine Kompagnie. Am 31. März 1849 wurde er
Major. Als solcher erhielt er den Königlich Preussischen
roten Adler-Orden 3. Kl. und wurde am 18. September
1854 zum Oberstleutnant befördert. Seit 1856 Kommandant von Wismar, wurde er, nachdem er 1860
Oberst geworden war, 1866 in den Ruhestand versetzt. Er war Ehrenritter des Johanniter-Ordens
sowie Inhaber des Grossherzoglich Mecklenburg-
Schwerinschen Militär-Dienst-Kreuzes für Offiziere
und starb am 18. November 1881 zu Wismar nach
langem Leiden, infolge eines Schlaganfalles fast ganz
gelähmt.

Karl war mit Sophie von Klein, der am 13. November 1807 geborenen Tochter des Friedrich August
von Klein a. d. H. Gross-Potrems [geb. 18. Oktober
1774] und der Christine Schünemann [geb. 21. März
1776] seit dem 12. Oktober 1838 verheiratet. Sie
starb am 19. November 1882 zu Wismar.

Aus dieser Ehe stammen 2 Kinder:

1. **Eugen Friedrich**, geb. 3. April 1840 (17).
2. **Elisabeth Christine Ulrike**, am 28. Juni
   1841 geboren, ist unverheirathet geblieben.
   Sie lebte anfangs in Wismar und verlegte im
   Oktober 1891 ihren Aufenthalt nach Schwerin.

17. Eugen Friedrich,

am 3. April 1840 zu Rostock geboren, starb bereits
am 11. April desselben Jahres daselbst.

9. **Ludwig** Dietrich Karl,

1805—1875,

wurde am 16. März 1805 zu Rostock geboren. Er war Page am Hofe zu Schwerin, trat jedoch im April 1822 in Mecklenburg-Strelitzsche Militärdienste. Am 29. März 1823 zum Sekondleutnant ernannt, wurde er am 29. Februar 1848 Hauptmann und am 12. August 1856 Major. Er war Ritter des Königlich Preussischen roten Adler-Ordens 4. Kl., des Königlich Hannoverschen Guelphen-Ordens und Inhaber des Mecklenburg-Strelitzschen Militär-Dienstkreuzes. Nachdem er seinen Abschied aus dem aktiven Dienst genommen hatte, wurde er 1858 als Postmeister in Neubrandenburg angestellt, aus welcher Stellung er jedoch Johannis 1867 wieder schied. Ludwig starb am 12. April 1875 zu Neubrandenburg.

Seine Gemahlin war seit 1837 Auguste, geb. Schröder, die, am 11. Mai 1811 zu Neustrelitz geboren, am 14. Juli 1884 ebenfalls in Neubrandenburg aus dieser Welt schied.

Ludwig hatte 4 Kinder:

1. Bertha Mathilde Auguste, am 2. April 1838 geboren, starb schon am 8. Dezember 1841 zu Neustrelitz.

2. Max Eduard Louis Bernhard, geb. 30. November 1840 (18).

3. Klara Agnes Karoline Friederike, geboren am 29. Oktober 1843 zu Neustrelitz, vermählte sich am 2. April 1881 mit dem Hauptmann Wilhelm Wulff[1]), der bei der Artillerie in Stralsund stand. Nachdem dieser seinen Abschied genommen, nahmen sie im Juni 1887 Wohnung in Barlin in Mecklenburg (½ Meile nordöstlich von Dargun). Im Jahre 1889 wurde Wulff als Gensdarmericoffizier in Lüneburg wieder angestellt, wo er das Unglück hatte, am 30. April 1890 seine Gemahlin nach langem schweren Leiden durch den Tod zu verlieren. Sie ist in Pensin bei Demmin beerdigt. Wulff hat dann als Major seinen

---

[1]) Sohn des Gutspächters Wulff zu Murchin in Pommern.

Abschied genommen und wohnt jetzt in Neubrandenburg.

4. **Hedwig** Friederike Antonie Lucie Johanna,
zu Neustrelitz am 20. Oktober 1845 geboren,
hielt sich bei dem Schlosshauptmann von
Dachröden in Rom auf, bis dieser im Jahre
1882 starb. Sie nahm dann Stellung als
Hausdame bei Herrn Kahlenberg in Halle a. S.,
nachdem sie sich zeitweise bei ihrer Schwester
Klara in Stralsund aufgehalten hatte. Im
März 1892 wohnte sie in Langensalza und
zog später nach Neubrandenburg, wo sie
auch jetzt wohnt.

18. Max Eduard Louis **Bernhard,**

am 30. November 1840 zu Neustrelitz geboren, besuchte das dortige Gymnasium bis zum Jahre 1856.
Er trat darauf in die Militär-Bildungsanstalt zu
Schwerin ein, die er 1859 nach bestandenem Fähnrichsexamen verliess. Der Grossherzoglich Mecklenburgischen Artillerie zugewiesen, wurde er am 19. Dezember 1860 Sekondleutnant und am 22. Juni 1865
zum Premierleutnant befördert. Der 10. Oktober
1868 brachte ihm seine Versetzung in die Königlich
Preussische Armee und zwar in das Feldartillerie-
Regiment General-Feldzeugmeister (1. Brandenburgisches) Nr. 3. In diesem Regiment machte er
den Feldzug gegen Frankreich 1870/71 mit, wo er
in der Schlacht bei Spichern am 6. August 1870 focht.
Hierüber schreibt ein Schlachtfeld-Besucher 1886 der
Magdeburger Zeitung: „Von ortskundiger Seite wurde
mir der Weg gezeigt, auf welchem die deutsche
Artillerie den Berg (mit der Steilheit eines Daches)
erkletterte, speziell die Stelle, an welcher der damalige
Premierleutnant von Pressentin mit dem vom Ser-
geanten Schmidt geführten vordersten Geschütze der
dritten leichten Batterie die Höhe erreichte. Wie
dies mitten im feindlichen Feuer möglich war, erscheint heute geradezu als wunderbar. Es ist dies
vielleicht eine der kühnsten Leistungen, welche unsere
Artillerie im letzten Feldzuge aufzuweisen hat; zumal
auch noch beim Abprotzen gegen das Schnellfeuer

des 800 Schritt entfernten gut gedeckten Feindes
fünf Kugeln Stand gehalten werden musste." Nach
dieser Schlacht mit dem Kommando einer Batterie
betraut, wurde er am 16. August 1870 in der Schlacht
bei Vionville schwer durch einen Gewehrschuss in
das Knöchelgelenk des linken Fusses verwundet. Am
23. November 1871 zum Hauptmann befördert und
genesen von seiner Wunde, erhielt er das Kommando
einer Batterie bei der Occupations-Armee in Frankreich (6. Division, 3. Artillerie-Regiment) und blieb
bis zur Beendigung der Occupation in Frankreich.
Alsdann zum 1. Badischen Feldartillerie-Regiment
Nr. 14 nach Karlsruhe versetzt, wurde er am 4. März
1874 zum Ehrenritter des Johanniter-Ordens ernannt.
Seine am 22. März 1881 erfolgte Ernennung zum
Major brachte eine Versetzung nach Köln zum
2. Rheinischen Feldartillerie-Regiment Nr. 23 mit
sich, worauf er alsdann als Abteilungskommandeur
im 1. Hannoverschen Feldartillerie-Regiment Nr. 10
in Hannover stand. Am 22. März 1888 zum Oberstleutnant befördert, wurde er am 22. September d. J.
etatsmässiger Stabsoffizier im Nassauischen Feldartillerie-Regiment Nr. 27 in Mainz und bereits am
21. Juli 1889 mit der Führung des 2. Westfälischen
Feldartillerie-Regiments Nr. 22, welches in Münster
und Minden in Garnison steht, beauftragt, dessen
Kommandeur er durch seine am 24. März 1890 erfolgte Ernennung zum Obersten wurde. Bis zum
18. November 1893 ist er Kommandeur dieses Regiments gewesen, denn an diesem Tage erhielt er das
Kommando über die 1. Feldartillerie-Brigade mit dem
Sitz in Königsberg i. Pr. und bald darauf, am 19. Dezember, seine Beförderung zum Generalmajor. Im
Jahre 1897 reichte er seinen Abschied ein und erhielt
darauf von Sr. Majestät dem Kaiser folgendes huld-
volle Schreiben:

„Ich habe Sie in Genehmigung Ihres mit
den Gesuchslisten für den Monat Mai d. J.
Mir vorgelegten Abschiedsgesuches vom 23. v. M.
mit der gesetzlichen Pension zur Disposition
gestellt. Indem Ich Ihnen dies hierdurch un-
mittelbar bekannt mache, verleihe Ich Ihnen
zugleich in gnädiger Anerkennung Ihrer treuen

und guten Dienste den Charakter als Generalleutnant.

Neues Palais, den 17. Juni 1897.

gez. Wilhelm."

Am 23. August 1888 war Bernhard in Sonnen-
burg in Gegenwart König Wilhelms II. zum Rechtsritter des Johanniter-Ordens geschlagen worden, und
nachdem er seinen Abschied aus dem aktiven Dienste
erhalten hatte, verlegte er seinen Wohnsitz am 1. Oktober 1897 von Königsberg nach Wiesbaden, wo er
auch jetzt lebt.

Bernhard ist Ritter des roten Adler-Ordens 2. Kl.,
des Kronen-Ordens 2. Kl. mit Stern, des eisernen
Kreuzes 2. Kl., Rechtsritter des Johanniter-Ordens,
Inhaber des Dienstauszeichnungs-Kreuzes, der Kriegs-
denkmünze für 1870/71, der Erinnerungsmedaille, des
Ritterkreuzes 1. Kl. des Grossherzoglich Badischen
Ordens vom Zähringer Löwen mit Eichenlaub, des
Ritterkreuzes 1. Kl. des Herzoglich Braunschweigischen
Heinrich des Löwen-Ordens, des Grosskomturkreuzes
des Grossherzoglich Mecklenburgischen Greifen-Ordens,
des Grossherzoglich Mecklenburgischen Militär-Ver-
dienstkreuzes 2. Kl., des Grossherzoglich Mecklenburg-
Strelitzschen Verdienst-Kreuzes für Auszeichnung im
Kriege.

Er war in erster Ehe seit dem 31. Mai 1868 mit
Hedwig Müller, der am 12. April 1848 geborenen
Tochter des Dr. med. und Rittergutsbesitzers auf
Schönau Hermann Müller (geboren 6. V. 1803 zu
Plauen i. V., † 27. XI. 1884) und dessen Gemahlin
Konstanze, geb. Vater (geboren 9. XI. 1813, † 20. V.
1881), vermählt. Doch wurde ihm seine Gemahlin
am 29. Juli 1872 durch den Tod entrissen. Hierauf
verheiratete sich Bernhard am 3. März 1874 mit
Rosa Müller, der am 27. September 1845 geborenen
älteren Schwester seiner verstorbenen Gemahlin.

Aus beiden Ehen stammen Kinder. Aus erster Ehe:

1. **Hedwig,** am 23. Juni 1869 zu Schönau geboren, verheiratete sich am 25. September
1889 zu Mainz mit dem jetzigen Hauptmann
und Kompagniechef im Oldenburgischen Infanterie-Regiment Nr. 91 Fritz von Pentz

9

(Sohn des Obersten und Flügeladjutanten Sr.
Königlichen Hoheit des Grossherzogs von
Mecklenburg-Strelitz — im 80. Jahre gestorben
am 2. Februar 1897 — und dessen Gemahlin
Anna, geb. von Oertzen).

2. **Wanda Dolorosa**, am 20. Juli 1872 zu
Jüterbog geboren, starb daselbst am 4. August
1872.

Aus zweiter Ehe:

3. Bernhard Wolfgang Henning, geb. am 8. Februar 1876 (33).

4. Olga Hedwig Elisabeth Marie wurde am
8. März 1888 in Oldenburg geboren.

33. Bernhard Wolfgang **Henning**,
1876—1885,

der einzigste Sohn Bernhards, wurde am 8. Februar
1876 zu Karlsruhe geboren und starb am 18. Oktober
1885 im blühenden Alter von 9 Jahren zu Hannover
an Diphtherie.

10. **Wilhelm Jaspar Friedrich**,

am 5. August 1807 geboren, schied schon am 22. August
d. J. wieder aus dieser Welt.

11. **Dietrich** Wilhelm Otto Friedrich,
1811—1878,

wurde am 13. Februar 1811 zu Rostock geboren und
nach seinem Gevatter, dem Oberforstmeister von
Pressentin zu Rabensteinfeld, Dietrich genannt. Er
trat in Mecklenburg-Strelitzsche Militärdienste, nahm
jedoch bald seinen Abschied und widmete sich der
Landwirtschaft, die er in der Nähe von Lübeck erlernte.
Darauf verwaltete er ein Gut seines Vormundes von
Gadow-Pretems in Pommern. Hier lernte er seine
spätere Gemahlin Ottilie Wilhelmine von Stumpfeldt
aus dem Hause Behrenwalde, Tochter des Johann
Friedrich von Stumpfeldt auf Behrenwalde, Kriten-

bogen, Lepelow und Katzenow und der Eleonore Charlotte Henriette geb. von Beringe (geboren 1783, † 24. II. 1859 zu Stralsund) kennen. Sie war am 22. Februar 1815 geboren und starb am 17. April 1871 in Frankfurt a. O. Nach seiner Vermählung im Jahre 1833 pachtete er von seinem Schwiegervater das Gut Lepelow im Kreise Franzburg in Neuvorpommern. Durch väterliche Erbschaft und Vereinbarung mit seinen Brüdern erwarb er 1837 unter billigen Bedingungen das Rittergut Gross-Kussewitz bei Rostock, welches er jedoch 1839 wieder vorteilhaft verkaufte. In demselben Jahre erstand er Lepelow, doch verkaufte er 1852 auch dieses wieder und nahm nun Wohnung in Stralsund. Er kaufte darauf 1853 das Gut Gehmkow im Kreise Demmin, veräusserte es bereits 1856 und zog wiederum nach Stralsund. Nicht lange darauf erstand er das Gut Camin bei Herrnstadt im Kreise Wohlau in Schlesien, wo er bis 1867 wohnte und nach dessen Verkauf nach Ravicz in der Provinz Posen zog. Durch Kauf ging dann bald darauf eine kleine Besitzung zu Weinböhla zwischen Meissen und Dresden in seinen Besitz über, wo er am 8. Juni 1878 gestorben ist.

Dietrich hatte 7 Kinder:

1. Karl, geboren 2. März 1835 (19).

2. Otto Jaspar, geboren 30. August 1836 (20).

3. Wilhelm Adolph Friedrich, geboren 10. Mai 1838 (21).

4. Friedrich Johann Wilhelm, geboren 11. Mai 1839 (22).

5. Ottilie Charlotte Lisette Maria, am 27. Dezember 1840 zu Lepelow geboren und im Kloster Dobbertin unter Nr. 1235 eingeschrieben, vermählte sich am 13. August 1860 mit dem damaligen Hauptmann im 2. Posenschen Infanterie-Regiment Nr. 19 Adalbert Freiherrn von Hanstein, der am 6. Januar 1871 in dem Gefecht bei Vendome als Major und Bataillonskommandeur im Leib-Grenadier-Regiment König Friedrich Wilhelm III. (1. Brandenburgisches) Nr. 8 den Heldentod starb.

Ottilie zog später nach Rostock und hat seit einigen Jahren Wohnung in Warnemünde genommen.

6. Bernhard, geboren 8. März 1842 (23).
7. Hermann Ferdinand Gustav, geboren 3. Oktober 1845 (24).

19. Karl,
1835—1885,

am 2. März 1835 zu Lepelow geboren, trat in Königlich Preussische Militärdienste und stand in Pasewalk beim Kürassier-Regiment Nr. 2 und Insterburg in Garnison. Am 26. Mai 1866 übernahm er in Elbing als ältester Premierleutnant des Regiments das Kommando über eine Schwadron des Litthauischen Ulanen-Regiments Nr. 12, welches er auch während des Feldzuges 1866 beibehielt. Auch an dem Feldzuge 1870/71 gegen Frankreich nahm er teil und wurde wegen bewiesener Tapferkeit mit dem eisernen Kreuz 2. Klasse dekoriert. Nachdem er als Rittmeister seinen Abschied genommen hatte, erwählte er zu seinem dauernden Wohnsitze Kötzschenbroda bei Dresden, wo er am 11. August 1885 aus diesem Leben schied. In seinem Testamente hat er dem von Pressentinschen Geschlechtsvermögen die Summe von 1000 Mark vermacht.

Karl heiratete am 14. Mai 1885 Auguste Köslowska. Doch sind dieser Ehe keine Kinder entsprossen.

20. Otto Jaspar,
1836—1839,

zu Gross-Kussewitz am 30. August 1836 geboren, starb daselbst am 2. Februar 1839.

21. Wilhelm Adolph Friedrich,
1838—1840,

wurde am 10. Mai 1838 zu Gross-Kussewitz geboren, wo er am 30. Januar 1840 starb.

22. Friedrich Johann Wilhelm,
1839—1841,

geboren am 11. Mai 1839 zu Gross-Kussewitz, schied am 23. Januar 1841 zu Lepelow aus dieser Welt.

23. Bernhard,

zu Lepelow am 8. März 1842 geboren, starb daselbst in demselben Jahre am 30. August.

24. Hermann Ferdinand Gustav

erblickte am 3. Oktober 1845 zu Lepelow das Licht der Welt. Er widmete sich der Landwirtschaft. Seiner Dienstpflicht genügte er beim Leib-Husaren-Regiment Nr. 2 in Posen, bei dem er auch als Sekondleutnant der Reserve stand und in diesem Regiment die Feldzüge 1866 und 1870/71 mitmachte. Nach seiner Ernennung zum Premierleutnant wurde er am 13. Juni 1885 zum Rittmeister befördert und nahm als solcher seinen Abschied. Er kaufte das im Rostocker Distrikt gelegene Allodialgut Bussewitz, wofür er am 12. Februar 1869 den Homagialeid leistete. Doch veräusserte er diesen Besitz 1881 wieder an einen Herrn von Behr und erwarb darauf die Güter Mentin und Griebow, die unfern von Parchim bei Marnitz liegen. Seitdem wohnt er in Mentin. Er ist Ehrenritter des Johanniter-Ordens.

Hermann vermählte sich am 15. Juni 1870 mit Frieda Sophie Auguste Wilhelmine von Sittmann, der am 3. Februar 1852 zu Rostock geborenen Tochter des Rittergutsbesitzers Karl Friedrich Heinrich von Sittmann auf Neu- und Klein-Stieten bei Wismar und dessen Gemahlin Friederike Susanne Henriette geb. Uebele.

Ihm sind drei Kinder geboren:

1. Hildegard Sophie Dieterike Kornelia ist am 19. April 1871 zu Bussewitz geboren.
2. Karlo Otto Albrecht, geboren 30. Juni 1873 (34).
3. Claus Gerd Paul Alexander Franz Widigo, geboren 12. Januar 1884 (35).

34. Karlo Otto Albrecht,

am 30. Juni 1873 zu Bussewitz geboren, trat als Avantageur in das 2. Grossherzoglich Mecklenburgische Dragoner-Regiment Nr. 18 zu Parchim ein, wurde am 21. April 1894 Portepée-Fähnrich und ist seit dem 27. Januar 1895 Leutnant in diesem Regiment.

35. **Claus Gerd**
Paul Alexander Franz Widigo

ist am 12. Januar 1884 zu Mentin geboren. Er bereitet sich im Kadettenkorps zu Plön für den Militärberuf vor.

— — — — —

E. Haus Stieten-Sternberger Rittersitz.

Der dritte Sohn des alten Nikolaus Otto war Claus Otto, welcher der Begründer des Hauses Stieten-Sternberger Rittersitz wurde.

1. **Claus Otto,**
1707—1760 (v. G. 48),

wurde im Juni 1707 zu Gartz a. Oder geboren. Nach dem Tode seines Vaters, am 28. Januar 1732, kavelten die Söhne um Stieten, welches zu 14200 Thlr. eingesetzt war, am 24. September 1732 zu Sternberg. Sein jüngerer Bruder Gustav Friedrich (St. J. 1), bevormundet durch Jobst Hinrich von Bülow auf Woserin, looste das Gut, trat es jedoch für 1000 Thlr. an Claus Otto ab. Dieser hatte sich 1731 in erster Ehe mit Barbara Elisabeth von Mühlenfels a. d. H. Güstien in Pommern verheiratet, und als diese 1748 gestorben war, vermählte er sich mit Anna Friederike Wilhelmine von Bülow, der 1732 geborenen Tochter Alexander Adolphs von Bülow auf Kritzow und der Anna Juliane von Grabow a. d. H. Suckwitz. Er erwarb am 24. Juni 1745 den Sternberger Rittersitz und baute ihn wahrscheinlich wieder auf, da derselbe 1741 abgebrannt war.

Was den Sternberger Rittersitz betrifft, so war derselbe ein altes Pressentin'sches Burglehn, welches in der Ritterstrasse, nicht weit von der Stadtmauer lag. Als am 19. August 1508 die halbe Stadt Sternberg in Feuer aufging, wurde auch der Rittersitz eingeäschert, jedoch bald wieder aufgebaut. Doch am 23. April 1659 brannte abermals fast ganz Sternberg ab und damit auch der Rittersitz. Doch wiederum

image
not
available

aufgebaut, passierte ihm dasselbe Schicksal zum dritten Male am 23. April 1741. Bei den beiden letzten Malen verbrannten die dort lagernden von Pressentin'schen Familienpapiere, und 1741 fand ein Fräulein von Restorff darin ihren Tod in den Flammen. Auch jetzt wurde ein Wohnhaus wiedererbaut und zwar auf der alten Stelle, was durch eine, augenscheinlich 1741 nicht mitverbrannte alte Sohle unter dem Giebel und die ungewöhnlich grossen und hohen, in mittelalterlichem Bauwerk gewölbten unterirdischen Räume erwiesen wird.

Das Wohnhaus „der Rittersitz" ist auch heute in Sternberg unter diesem Namen noch wohlbekannt. Es liegt in der Südwest-Ecke der Stadt, nahe an dem Stadtwallgraben, an der „Rittersitzstrasse" nach heutiger Benennung, und soll diese Strasse wesentlich den Zug der früheren platea militum oder Ritterstrasse (es giebt auch eine neuere dieses Namens) innehalten.

Die Erklärung, der Rittersitz sei eine Pertinenz von Stieten gewesen, entbehrt jedes sowohl geschichtlichen, wie thatsächlichen Inhalts. Der Rittersitz hat zwar in späterer Zeit mehrfach, aber keineswegs immer demselben Besitzer wie Stieten gehört, und Stieten grenzt auch garnicht mit der eigentlichen Sternberger Feldmark, sondern nur mit dem Peetscher Felde, welches dort seit unvordenklichen Zeiten keinen Acker hatte, sondern nur Tannenwald.

Der sogenannte Rittersitz war ein kleines Rittergut, welches seine eigene Jurisdiktion hatte. Auch Jagd- und Weidegerechtigkeit [gehörten dazu, und nach einem Berichte des Magistrats aus dem Jahre 1749 war das Haus nicht im Stadtschossbuche verzeichnet und bei Durchzügen nie mit Einquartierung belegt worden. Am 23. Juni 1827 leistete der Besitzer wegen des in der Stadt Sternberg belegenen sogenannten Rittersitzes vor der Grossherzoglichen Lehnkammer den Lehneid ab. Auch führt der Staatskalender von 1825 u. ff. den Sternberger Rittersitz als besondere Ortschaft auf, welche zum Kirchspiel Sternberg gehörte. Der jedesmalige Besitzer hatte früher die Landstandschaft. In neuerer Zeit ist dies so zu sagen eingeschlafen. Die Ländereien des

Rittersitzes bestanden aus 811 Morgen, deren jeder zu 300 ☐R. zu berechnen ist, also 243 300 ☐R. = 527 Hektar.

Erb- und Gerichtsherr auf dem Rittersitz war 1508, als die halbe Stadt und mit ihr auch der Rittersitz abbrannte, Reimar von Pressentin auf Prestin und Sticten (18), nach dessen Tode 1521 derselbe in den Besitz seines Sohnes Dinnies (21) überging. Dieser starb um 1573, und fiel nun der Rittersitz seinem Sohne Bernd (26), † 1625, zu. Von diesem vererbte sich das Gut auf dessen Sohn Cuno Helmuth (30). Die Witwe desselben, geborene von Wopersnow, geriet während des 30jährigen Krieges in grosse Bedrängnis und war gezwungen, Aecker des Rittersitzes zu verpfänden. Darauf erhielt Cuno Helmuths Sohn Helmuth (36) den Rittersitz, und als dieser starb, ohne männliche Erben zu hinterlassen, kam derselbe in den Besitz Bernds (37), des Stammvaters aller jetzt lebenden Pressentins. Bernd baute den Rittersitz wieder auf und vergrösserte denselben durch Ankauf einer Scheune und eines Gartens am 15. März 1702. Nach Bernds Tode († 1709) wohnte seine Witwe, unsere Stammmutter Anna Dorothea, nachdem sie 1722 ihren Enkeln Prestin übergeben hatte, die letzten Monate ihres Lebens auf dem Rittersitz und starb auf demselben am 6. November 1722. Doch ist sie in Prestin beigesetzt. Der Rittersitz wurde dann 1726 Eigentum des Balthasar (42, K. 1), Bernds jüngsten Sohnes. Dieser verkaufte 1728 den Rittersitz mit Ausnahme der Kapelle (Erbbegräbnis) zu Sternberg unter Vorbehalt der Reluition nach 30 Jahren an den Landrat Karl Friedrich von Rieben.

Im Jahre 1745 erwarb, wie wir oben gesehen haben, Claus Otto (St. St. R. 1) den Sternberger Rittersitz. Er starb 1760 und wurde am 31. März zu Sternberg im Pressentin'schen Erbbegräbnis beigesetzt. Seine Gemahlin, geborene von Bülow, folgte ihm 1779 und ist in aller Stille am 16. Dezember zu Sternberg, doch nicht an der Seite ihres Gatten bestattet.

Beide Ehen waren mit Kindern gesegnet. Aus erster Ehe stammen:

1. Claus Otto Friedrich, geb. 1732 (2).
2. Bernd Wigand, getauft 6. März 1741 (3).
3. Karl Leonhard, getauft 14. März 1742 (4).
4. Ernst Wilhelm Gotthard, getauft 10. Juni 1743 (5).
5. Helena Elisabeth Amalia, 1745 geboren und am 12. April getauft, vermählte sich am 1. November 1765 mit Christian Ehrenreich von Ehrenstein auf Gross-Görnow, ritterschaftlichen Amts Sternberg (geb. 31. Januar 1733).
6. Katharina Karoline, am 9. Mai 1746 getauft, wurde 1784 die Gemahlin des Pastors Johann Christian Belitz zu Retwisch und starb, nachdem sie am 15. Mai 1800 Witwe geworden war, am 20. September 1825 zu Rostock.
7. Maria Eleonore Bernhardine Johanna, am 1. Oktober 1748 getauft, heiratete 1772 den Gutsverwalter L. Schwanbeck zu Woggersin.

Aus zweiter Ehe stammt:

8. Anna Elisabeth Juliane, getauft am 18. September 1755, war seit 1782 mit dem Präpositus Johann Peter Röper zu Doberan als dessen zweite Ehefrau verheiratet und starb in Dobbertin um 1824 kinderlos.

Als Claus Otto 1760 starb, hinterliess er ausser Töchtern nur noch 2 Söhne, da sowohl Bernd Wigand (St. St. R. S. 3, v. G. 63) wie Ernst Wilhelm Georg (St. St. R. S. 5, v. G. 64) in zartem Alter ihrem Vater in die Ewigkeit voraufgegangen waren.

2. Claus Otto Friedrich,
1732—1800 (v. G. 61),

1732 geboren, widmete sich dem Offizierstande und brachte es bis zum Herzoglich Braunschweigischen Major. Nach dem Tode seines Vaters fiel ihm Stieten und der Sternberger Rittersitz zu, doch verpfändete er beides am 23. Juli 1763 an Karl Gerd von Dessin auf Wamekow auf 20 Jahre. Seine letzten Lebensjahre verlebte Claus Otto in Stieten, wo er am 15. Januar 1800 starb und in Sternberg beigesetzt wurde.

Verheiratet war Claus Otto mit einer von Keyser-
ling, verwitweten von Barner. Doch sind dieser Ehe
Kinder nicht entsprossen.

3. Bernd Wigand,

am 6. März 1741 getauft, ist in jungen Jahren gestorben.

4. Karl Leonhard,
1742—1761 (v. G. 62),

im Jahre 1742 geboren und am 14. März getauft,
widmete sich dem Militärstande und wird im Sternberger Kirchenbuch als Hauptmann, Erb- und Gerichtsherr auf Stieten aufgeführt. Er starb nach
demselben am 31. Dezember 1761 im 21. Jahre seines
Alters und wurde am 29. Januar 1762 in dem Stieten-
schen Erbbegräbnis neben dem Altar beigesetzt.
Verheiratet ist er nicht gewesen.

5. Ernst Wilhelm Georg,

getauft am 10. Juni 1743, starb jung.

Mit Claus Otto (2), dem ältesten Sohne des alten
Claus Otto (1), der zwar verheiratet, aber ohne männliche Erben zu hinterlassen am 15. Januar 1800 aus
dieser Welt mit dem Tode abging, starb, da die
anderen Söhne nicht mehr am Leben waren, das
Haus Stieten - Sternberger Rittersitz nach kurzer
Blütezeit aus. Die Lehnsrechte auf den Rittersitz
waren inzwischen an das Haus Stieten-Jesendorf
übergegangen, woselbst sie erwähnt werden sollen.

F. Haus Stieten-Jesendorf.

Der fünfte Sohn des alten Nicolaus Otto auf
Stieten, Gustav Friedrich, wurde der Begründer des
Hauses Stieten-Jesendorf, das zwar heute ohne Grund-
besitz in Deutschland, sich dennoch weit verzweigt
hat und vorwiegend in Mecklenburg, den Vereinigten
Staaten von Nord-Amerika und Australien blüht.

1. Gustav Friedrich,
1715—1790 (v. G. 50),

am 27. November 1715 zu Parchim (?) geboren, war
6 Jahre lang Page am Hofe des Herzogs Christian

Ludwig von Mecklenburg und trat 1736 in Militärdienste. In der Kavelung um das Gut Stieten nach
dem Tode seines Vaters, am 24. September 1732, also
zu einer Zeit, wo Gustav noch minderjährig war,
fiel ihm Stieten zu, doch trat sein Vormund Jobst
Hinrich von Bülow auf Woserin dasselbe an seinen
älteren Bruder Claus Otto von Pressentin (St.-St.R.-
S. 1) für 1000 Thlr. N²/₃ ab.

Gustav stand in Hannoverschen Diensten, wo er
die Stelle eines Adjutanten beim Dragoner-Regiment
von Wend zu Drakenburg bekleidete. Aus diesen
Diensten nahm er jedoch am 18. April 1738 seinen
Abschied. Er ging nun nach Schleswig-Holstein,
wo er bereits am 20. April 1738 zu Kiel ein Patent
als Leutnant erhielt und darauf zum Stabskapitän
befördert wurde. Als solcher verpflichtete er sich,
eine Kompagnie für kaiserliche Dienste zu werben.
Dann trat er in Herzoglich Mecklenburgische Militärdienste über und wurde mit einem Kapitänspatent
vom 8. Februar 1748 in dem Regiment von Zülow
angestellt. Er stand im Juli 1750 in Röbel, wurde
Major und endlich Oberstleutnant, als welcher er am
6. Oktober 1760 den erbetenen Abschied erhielt.

Am 4. Februar 1744 hatte er das Gut Jesendorf
(eine früher von Behrsche Besitzung) von einem Herrn
von Winterfeld für 25 100 Thlr. N²/₃ erstanden und
unterzeichnete als Besitzer von Jesendorf den L.-G.-G.-
E.-V. am 18. April 1755. Jesendorf c. p. verpfändete er mit landesherrlichem Konsens vom 7. Januar
1760 für 28 000 Thlr. auf 20 Jahre bis 1780 gegen
Verpflichtung der Erstattung aller inzwischen auf-
gewandten Bauten pp. und unter Uebernahme aller
Abgaben pp. Im Jahre 1764 erwarb Gustav von
Claus Otto (St.-St.R.-S. 2) pfandweise den Sternberger
Rittersitz und lebte nun, nachdem er vorher in Neustadt und Parchim abwechselnd gestanden hatte, nach
seiner Pensionierung in Sternberg, wo er der Kirche
daselbst 1766 eine silberne Oblatendose, unten mit
seinem Namen Gustav Friedrich von Pressentin bezeichnet, schenkte. 1775 veräusserte er jedoch den
Rittersitz wieder an die Kammerjunkerin von Bibow.

Am 18. Juli 1780 wurde Gustav von der Lehns-
kammer zu Schwerin aufgefordert, anzuzeigen, ob er

Jesendorf reluiert habe, worauf er einen Kontrakt d. d. Güstrow, 24. November 1759, einreichte, in welchem er sich verpflichtet hatte, das Lehn inzwischen nicht an dritte zu veräussern, und wenn seine Kinder 1780 nicht reluieren könnten, dass das Lehn auf den Pfandinhaber mit Vorbehalt lehnsherrlichen Konsenses übertragen sein sollte, wogegen der Pfandinhaber (Seitz) auf Erstattung aller Auslagen zu verzichten habe. Zugleich zeigte er an, dass er und seine Kinder wohl nicht reluieren könnten, er aber nicht wisse, was seine Lehnsvettern thun würden. Hierauf wurde nun einem der Cessionare des Pfandinhabers das Lehnrecht übertragen und wurden darauf Lehnsproklamata am 12. Januar 1782 erlassen, jedoch weiter nichts als 502 Thlr. verlegte Lehnsgebühren angemeldet. Damit ging das Gut Jesendorf wieder aus unserer Familie.

Gustav wohnte zuletzt auf dem Rittersitz zur Miete und beschloss dort sein Leben am 27. Januar 1790. Seine Leiche wurde aber im Erbbegräbnis zu Jesendorf beigesetzt. Mit ihm hören auch die Beziehungen unserer Familie zum Sternberger Rittersitz auf. Dieses Burglehn erreichte sein Ende durch Grossherzoglichen Allodialitäts-Brief vom 29. März 1830, welcher den Rittersitz der Stadtfeldmark Sternberg einverleibte und der städtischen Gerichtsbarkeit und Verwaltung unterwarf.

Gustav war zweimal verheiratet. In erster Ehe vermählte er sich am 12. Februar 1741 mit Henriette Anna Sophie von Plessen zu Möderitz a. d. H. Raden, (geboren 1720), der Tochter des Königlich Polnischen Hauptmanns Helmuth Otto von Plessen († Februar 1744) und der Katharina Eleonore von Plessen a. d. H. Broock († vor Mai 1728), die er jedoch am 14. April 1754 zu Neustadt durch den Tod verlor. Auch sie schläft den letzten Schlaf zu Jesendorf. Seine zweite Gemahlin war seit 1756 Ilsabe Katharina von Zepelin, verwitwete von Behr a. d. H. Thürkow. Sie starb am 5. Juli 1771 und wurde in Jesendorf beigesetzt.

Kinder sind nur aus erster Ehe entsprossen, nämlich:

1. Gustav Ludwig, getauft 17. Dezember 1741 (2).
2. Karl Bernhard Ludwig, geb. 1743 (3).

3. Lucia Dorothea, 1744 geboren, wurde am 3. Dezember 1744 im Kloster Dobbertin unter Nr. 305 eingeschrieben, starb jedoch jung.

4. Helena Elisabeth Amalia, 1746 geboren, wurde ebenfalls im Kloster Dobbertin eingeschrieben (Nr. 322), doch starb sie vor 1753.

5. Bernd Wigand, geb. 1747 (4).

6. Gustav Friedrich, geb. 28. Juni 1749 (5).

7. Johann Otto Christoph, geb. 14. Juli 1750 (6).

8. Lucia Dorothea, zwischen dem 4. April und 23. September 1751 geboren und unter Nr. 358 im Kloster Dobbertin eingeschrieben, wurde Konventualin dieses Klosters und starb daselbst vor 1821.

9. Helena Elisabeth Amalia wurde Anfang 1753 geboren und im Kloster Ribnitz eingeschrieben. Sie starb zu Sternberg am 15. Aug. 1813.

10. Sophia Maria Juliana, am 2. April 1754 zu Neustadt getauft, starb jung.

2. Gustav **Ludwig** (gen. Louis) (v. G. 65), wurde am 17. Dezember 1741 zu Neustadt getauft. Er widmete sich dem Soldatenstande und stand im Jahre 1770 als Fähnrich in Braunschweig-Lüneburgischen Diensten. Später trat er zum Kur-Hannoverschen Militär über, wo er bis zum Hauptmann avancierte und vor 1810 gestorben ist.

3. **Karl** Bernhard Ludwig,

1743—1805 (v. G. 66),

erblickte 1743 zu Parchim das Licht der Welt. Nach Beendigung seiner Schulzeit wurde er bei der Universität zu Rostock am 23. Oktober 1759 immatrikuliert, doch trat er schon am 4. Dezember 1760 als Fähnrich beim Herzoglich Mecklenburgischen Infanterie-Regiment Jung-Zülow ein, bei dem er am 5. Januar 1770 zum Leutnant, am 30. April 1784 zum Stabskapitän und am 2. Juni 1788 zum wirklichen Kapitän befördert wurde. Am 29. Juli 1788 marschierte er mit

den vom Herzoge den Holländischen Generalstaaten
zur Verfügung gestellten Subsidientruppen nach
Holland, wo er am 12. Juli 1793 Major wurde. Nach
seiner Rückkehr im Jahre 1796 zum Oberstleutnant
ernannt, schied er am 11. Dezember 1805 zu Rostock
aus dieser Welt. Seine Leiche ward am 16. Dezember spät nach Mitternacht in dem Gewölbe Nr. 30
der St. Jakobi-Kirche zu Rostock beigesetzt. Der
Sarg ist mit Wappen und Inschrift versehen.

Seit dem 8. April 1774 war er mit Christine
Maria Karoline von Winterfeld, Tochter des Königlich Dänischen Majors Viktor Friedrich von Winterfeld aus dem Hause Hunerland, und der Margarete
Dorothea Eleonore von Behr aus dem Hause Jesendorf vermählt. Karoline wurde am 13. Oktober 1745
auf der Citadelle Friedrichshafen (Kopenhagen) getauft und starb zu Horst am 21. Oktober 1783. Sie
ist im Bohmshöfer Begräbnis zu Sanitz beigesetzt.

Karl wohnte von Johannis 1777—1778 als Pächter
in Horst bei Sanitz, dann von 1778—1782 in Tangrim
bei Lübchin. Er pachtete darauf Horst wieder und
wohnte dann bis 1786 in Oberhof, r. A. Toitenwinkel.

Er hatte 7 Kinder:

1. Dietrich Friedrich Karl, geboren 28. Mai
   1775 (7).
2. (Anna) Sophie Dorothea, geboren im Juni
   1776 und im Kloster Dobbertin unter Nr. 565
   eingeschrieben, starb zu Neustadt am 13. April
   1814.
3. Bernhard Georg Bogislav, geboren 17. September 1777 (8).
4. Charlotte Dorothea Ilsabe, am 1. Dezember
   1778 zu Tangrim geboren, wurde im Kloster
   Malchow unter Nr. 358 eingeschrieben. Sie
   wurde Konventualin dieses Klosters und am
   17. März 1837 zur Domina erwählt, als welche
   sie am 23. April 1853 starb.
5. Dietrike Maria Helene, am 9. Februar 1780
   geboren, vermählte sich am 26. Juli 1805 mit
   dem Domänenrat Dethleff Christian Georg
   von Bülow aus dem Hause Wedendorf, der
   1777 geboren, später Landdrost in Neustadt

wurde und dort als solcher am 1. November
1858 gestorben ist. Dietrike starb ebenfalls
zu Neustadt am 3. März 1833.

6. Karl Christian, geboren 16. Februar 1782 (9).

7. Maria Christine Henriette, geboren zu
Horst am 20. Oktober 1783 und am 22. Oktober getauft, wurde im Kloster Ribnitz eingeschrieben, starb bereits Mitte April 1784.

4. Bernd Wigand,
1749—1795 (v. G. 67),

im Juni 1747 geboren, trat in Königlich Preussische,
dann in Herzoglich Mecklenburgische Militärdienste.
Er stand als Freikorporal bis 1767 in Bützow und
war 1770 Fähnrich im Regiment von Gluer. Er
wurde darauf Leutnant und ging mit den Mecklenburgischen Subsidientruppen nach Holland, wo wir
ihn im Frühling 1789 als Kapitän wieder antreffen.
Im Jahre 1794 nahm er als Major seinen Abschied
und starb ein Jahr darauf, 1795, zu Rostock unvermählt.

5. Gustav Friedrich,
1750—1798 (v. G. 68),

am 28. Juni 1749 zu Röbel geboren, widmete sich
dem Militärstande und war 1767 Freikorporal in
Bützow bei der Kompagnie des Majors von Bülow,
1770 Fahnenjunker im Regiment von Both. Im Jahre
1771 trat er jedoch in Königlich Preussische Dienste
über, wo er nach und nach zum Hauptmann avancierte.
Er stand in Bielefeld, Herford und 1795 als Hauptmann beim 4. Bataillon Infanterie-Regiments von Rom-
berg zu Wesel in Garnison. Als pensionierter Hauptmann schied er 1798 zu Bielefeld aus diesem Leben.

6. Johann Otto Christoph

wurde am 14. Juli 1750 zu Röbel geboren. Er muss
jung gestorben sein, da von ihm weiter nichts bekannt geworden ist.

7. **Dietrich** Friedrich Karl,
1775—1847,

am 28. Mai 1775 zu Rostock als ältester Sohn Karl Bernhard Ludwigs und dessen Gemahlin Karoline von Winterfeld geboren, ward am 28. Juli 1792 Page am Hofe zu Schwerin mit der Verheissung, die Jagd zu erlernen. Nachdem er am 29. April 1792 seinen Abschied als Page erhalten hatte, liess ihn die Herzogin Luise von Mecklenburg-Schwerin, geborene Prinzessin von Sachsen-Gotha-Roda, zu Bahlenhüschen die Jagd erlernen. Bereits am 29. Oktober 1795 ward Dietrich Jagdjunker und wurde am 3. Januar 1797 auch zum Kammerjunker ernannt. Am 10. Dezember 1799 avancierte er zum Forstmeister und genau zwei Jahre später zum Oberforstmeister in Rabensteinfeld, Domanial-Amts Schwerin, wo er dauernd seinen Wohnsitz hatte. Nach 25jähriger Dienstzeit in der Herzoglich Mecklenburgischen Forstverwaltung wurde ihm der Titel eines Jägermeisters verliehen, den er am 20. April 1838 mit dem eines Oberjägermeisters vertauschte. Ihm ist es auch vergönnt gewesen, am 29. Oktober 1845, hochgeehrt von Freunden und Bekannten, sein 50jähriges Dienstjubiläum zu feiern. Noch geistig und körperlich rüstig starb er infolge eines Unfalls mit dem Pferde am 20. März 1847 zu Rabensteinfeld und wurde in Pinnow beigesetzt. Er war Ritter des Königlich Preussischen Roten Adler-Ordens 2. Klasse.

Dietrich war seit dem 20. April 1804 mit Karoline von Dorne, Tochter Seiner Exzellenz des Geheimen Rats, Ober-Kammerherrn und Kammer-Präsidenten Ludwig von Dorne und der Friederike Freiin Waiz von Eschen († 1840) vermählt. Am 5. Januar 1782 geboren, starb sie am 5. Januar 1849 zu Schwerin.

Der Ehe entstammen 3 Töchter:

1. **Marie Karoline Luise**, geboren am 27. Februar 1805, wurde im Kloster Dobbertin unter Nr. 846 eingeschrieben. Sie vermählte sich 1827 mit dem damaligen Kammer- und Jagdjunker, späteren Kammerherrn und Schlosshauptmann Helmuth Ludwig Heinrich von Weltzien auf Gross- und Klein-Tessin, ritterschaft-

lichen Amts Lübz, und starb, nachdem sie
am 12. Juli 1867 Witwe geworden war, am
19. März 1879 zu Schwerin.

2. Friederike Elisabeth Bernhardine, zu
Schwerin am 22. August 1815 geboren und
im Kloster Malchow unter Nr. 535 eingeschrieben, verheiratete sich am 8.
Dezember 1843 mit dem Leutnant, späteren Major,
Baron August von Stenglin, der, am 20. September 1816 zu Gelbensande geboren, am
27. Juli 1871 zu Schwerin starb. Friederike
wohnte als Witwe in Schwerin, wo sie am
11. August 1898 gestorben ist.

3. Karoline Luise Bernhardine, am 28. August
1817 zu Schwerin geboren und im Kloster
Ribnitz eingeschrieben, wurde am 29. April
1843 die Gemahlin des Leutnants a. D. Karl
von Meding, demnächst auf Klemzow bei
Schievelbein in Hinterpommern. Daselbst ist
sie am 21. November 1874 gestorben. Auch
ihr Gemahl ruht daselbst seit dem 22. Juli
1875 von den Mühsalen dieses Lebens aus.

---

8. **Bernhard** Georg Bogislav,
1777—1854,

wurde am 17. September 1777 zu Horst (Kirchspiel
Sanitz) geboren, wo sein Vater als Pächter wohnte.
Bereits am 1. April 1791 trat er als Kadett bei seines
Vaters Kompagnie zu Herzogenbusch in Holland in
Herzoglich Mecklenburgische Militärdienste. Vom
Fahnenjunker am 25. Mai 1793 zum Sekondleutnant
ernannt, machte er die kriegerischen Ereignisse in
jenem Lande bis zur Rückkehr des Mecklenburgischen
Militärs in die Heimat 1796 mit. Am 6. Juni 1800
erhielt er seine Beförderung zum Premierleutnant
und wurde am 7. Juni 1808 Stabskapitän. Auch er
focht am 24. Mai 1809 bei Damgarten gegen die
Truppen des Majors von Schill. wurde gefangen genommen und nach Stralsund gebracht, aber bei der
Einnahme Stralsunds durch die Dänen und Holländer
wieder befreit. Erst am 12. Mai 1813 wurde ihm

das Kommando über eine Kompagnie übertragen. Am 18. Mai 1815 zum Major und Kommandeur der Landwehr ernannt, vertauschte er diese Stellung später mit dem Kommando über das 1. Musketier-Bataillon in Wismar, wo er am 10. Juni 1824 zum Oberstleutnant befördert wurde. Am 10. Dezember 1832 zum Obersten ernannt, schied er 1839 aus dem aktiven Dienste und war von nun ab Stadtkommandant von Wismar. Unter Anerkennung seiner so vieljährigen, wie nützlichen und treuen Dienste erhielt er am 4. April 1854 den wegen Altersschwäche erbetenen Abschied und starb noch in demselben Jahre am 26. November 1854 zu Wismar.

In der Preussischen Staatslotterie hatte er das Glück, das grosse Loos mit Netto 175 000 Thlr. zu gewinnen. Mit das erste war es, dass er 1000 Thlr. an die Bedürftigen in Sternberg schenkte. Er habe gewünscht, äusserte er seinem Neffen, jetzigem Oberlanddrost Karl von Pressentin gegenüber, das seinen früheren Schulkameraden etwas davon zu Gute komme. Denn während der Vater in Holland stand, wurde er nebst seinem jüngeren Bruder Karl bei dem Grossvater Oberstleutnant Gustav, dessen Hause die Tochter Lenchen vorstand, und nach des Grossvaters Ableben (1790) von letzterer auf dem Rittersitz zu Sternberg erzogen. Bernhard ist der Gründer der von Pressentin-schen Stiftung für verschämte Arme zu Wismar.

Er verheiratete sich am 23. Juli 1816 mit Elisabeth Friederike Auguste von Lützow, der am 6. August 1796 geborenen Tochter des Erblandmarschalls Hartwig Friedrich August von Lützow, Klosterhauptmanns zu Dobbertin, und der Eleonora von Mecklenburg a. d. H. Gützow. Sie starb zu Wismar am 17. April 1845.

Dieser Ehe sind 6 Kinder entsprossen:

1. Emma Marie Charlotte Sophie, am 20. April 1817 zu Güstrow geboren und unter Nr. 937 im Kloster Dobbertin eingeschrieben, wurde am 4. November 1843 die Gemahlin des Leutnants Ulrich von Schack zu Wismar, später auf Passentin. Sie starb am 14. Mai 1856 zu Doberan.

2. Friedrich **Franz**, geb. 7. Juni 1818 (10).

3. Karl Christian August, geb. 27. Februar 1820 (11).

4. Bernhard Friedrich Otto, geb. 8. Januar 1824 (12).

5. Alexander Friedrich Ludwig, geb. 1. November 1826 (13).

6. Otto Friedrich Dethlof, geb. 2. Dezember 1830 (14).

10. Friedrich **Franz**,
1818—1894,

wurde am 7. Juni 1818 zu Güstrow als ältester Sohn Bernhards und seiner Gemahlin Elisabeth von Lützow geboren. Er wurde Neujahr 1833 Page am Hofe zu Schwerin und am 9. Juli 1836 bei der Grossherzoglichen Post angestellt, bei der er Johannis 1843 als Grossherzoglicher Postschreiber mit Gehalt in Wismar angestellt wurde. Später nahm er als Postsekretär wegen Kränklichkeit seinen Abschied und lebte von seiner Pension in Schwaan und Rostock, wo er am 29. März 1894 starb und auf dem dortigen Friedhof beerdigt wurde.

Seit dem 16. August 1849 war er mit Mathilde Marie von Plönnies, der am 9. Juni 1828 zu Michelstadt in Hessen geborenen Tochter des Kammerdirektors Hermann von Plönnies und dessen Gemahlin Luise, geb. Schäfer, vermählt. Mathilde lebte seit dem Tode ihres Mannes bei ihrer Tochter Eleonore und siedelte 1899 zu ihrer Tochter Mathilde nach Magelsen in Hannover über.

Die Kinder dieser Ehe sind:

1. Hermine Bernhardine Pauline, am 9. August 1850 zu Rostock geboren, vermählte sich in erster Ehe am 28. September 1870 zu Rostock mit dem Kaufmann Heinrich Troye, mit dem sie nach New York ging, sich jedoch dort von ihm scheiden liess. Sie heiratete daselbst in 2. Ehe den Kaufmann Hugo Raven, Sohn des Dr. jur. Ernst Friedr. Otto Raven zu Güstrow am 5. Januar 1881 und lebt jezt in Union Hill bei New York.

2. Bernhard August Karl, geb. 7. November 1851 (17).

3. Mathilde Karoline Auguste Eleonore, am 9. Juni 1855 zu Rostock geboren, war verschiedentlich Gesellschaftsdame, zuletzt lange Zeit bei der Frau Etatsrätin Donner in Altona a./Elbe. Sie vermählte sich am 25. September 1893 zu Rostock mit dem Königlichen Major à la suite der Infanterie, Regiment von Horn (Rheinisches) Nr. 29 und Eisenbahnlinien-Kommissar zu Altona Friedrich Clüver. Bis zum Jahre 1895 war Clüver in Altona kommandiert. Von dort aus kam er als Eisenbahnkommissar in die Eisenbahn-Abteilung des Grossen Generalstabs nach Berlin zurück, wo er im Juni 1899 als Oberstleutnant mit dem Range eines Regimentskommandeurs den erbetenen Abschied erhielt und nach Magelsen bei Hoya in Hannover übersiedelte.

4. Eleonore Elisabeth Albertine Sophie Aline Ida, zu Schwaan am 1. August 1860 geboren, war längere Zeit Erzieherin, zuletzt bei dem Grafen zu Lippe-Biesterfeld (späterem Regenten von Lippe-Detmold), bis sich dessen Tochter Adelheid mit dem Herzoge Friedrich von Sachsen-Meiningen vermählte. Eleonore wurde am 29. Oktober 1890 zu Rostock die Gemahlin des Fürstlichen Rentmeisters, Leutnants der Reserve Karl Lietsch zu Koesfeld in Westfalen, wo sie bis 1899 wohnten. Lietsch wurde Kammerassessor und hat jetzt seinen Wohnsitz in Burgsteinfurth in Westfalen.

5. Alexander Otto Ernst Karl Walter Anton, geb. 21. Dezember 1862 (18).

6. Friedrich Albert, geb. 21. Februar 1865 (19).

7. Hermann Ludwig Ulrich, geb. 21. Februar 1865 (20).

17. **Bernhard** August Karl

wurde am 7. November 1851 zu Rostock geboren. Er widmete sich dem Seemannsstande, ist aber seit geraumer Zeit verschollen.

18. **Alexander** Otto Ernst Karl Walter Anton,
am 21. Dezember 1862 zu Schwaan geboren, war
Kaufmann in Hamburg. Später ging er nach Nord-
Amerika, wo er in New York Beschäftigung fand.
Er verheiratete sich dort am 10. Juni 1890 mit
Mathilde Fischer (geb. 11. Dezember 1869) und wohnt
jetzt in Brooklyn. Ihm wurde eine Tochter geboren:
Mathilde, am 17. April 1891 geboren, starb
schon am 19. Januar 1892.

19. **Friedrich** Albert,
am 21. Februar 1865 zu Schwaan geboren, starb
bereits am 19. März 1865 daselbst.

20. **Hermann** Ludwig Ulrich,
geboren zu Schwaan am 21. Februar 1865, besuchte
das Gymnasium zu Rostock. Er ging darauf nach
New York, wo er als Handlungsgehülfe in Stellung
war. Doch liess er sich später bei der Amerikanischen
Armee anwerben und stand im 9. Infanterie-Regiment.
Seitdem fehlen alle Nachrichten über ihn.

11. **Karl** Christian August
wurde am 27. Februar 1820 zu Güstrow geboren und
ward Ostern 1834 Page am Hofe zu Schwerin. Als
solcher hatte er bei dem 50jährigen Regierungs-
jubiläum des Grossherzogs Friedrich Franz I., welches
am 24. April 1835 zu Ludwigslust gefeiert wurde,
die Aufwartung bei der Herzogin Helene, dem-
nächstigen Herzogin von Orléans. Am 1. Januar 1837,
noch nicht 17 Jahre alt, wurde er als Freiwilliger
auf Beförderung bei dem Grossherzoglich Mecklenburgischen Jäger-Bataillon angestellt, am 16. April
1840 Portepee-Fähnrich und am 3. Juli 1840 zum
Sekondleutnant im Grenadier-Gardebattaillon befördert.
Vom 1. Januar bis 31. März 1848 war er Ordonnanz-
offizier bei Sr. Königlichen Hoheit dem Grossherzoge
und machte darauf den Feldzug gegen Dänemark

mit. Er focht am 16. Mai 1848 bei Düppel und
zeichnete sich in den Gefechten bei Bilschau und
Oeversee [1]) besonders aus.

Am 1. Oktober 1848 rückte er zum Premierleutnant im 1. Musketier-Bataillon auf, mit dem er
1849 in Baden in dem Gefecht bei Ladenburg am
15. und bei Grosssachsen am 16. Juni im Feuer stand.
Vom 19. September 1852 bis 2. Mai 1853 war er
Kompagnieführer bei der Inspektion der Gross-Beurlaubten, worauf er am 19. Dezember 1855 zum
Hauptmann und Kompagniechef der 2. Kompagnie
ernannt wurde. Der 20. Oktober 1857 brachte ihm die
Versetzung in das 4. Musketier-Bataillon als Chef der
3. Kompagnie. Am 4. Juli 1863 zum Major befördert,
wurde er am 14. November desselben Jahres Kommandeur der Inspektion der Gross-Beurlaubten und
vom 27. Juni bis 4. August 1864 während des
Dänischen Krieges zum Küstenschutz nach Warnemünde kommandiert. Am 25. April 1866 wurde er
als Kommandeur des 3. Bataillons in das Grenadier-
Garderegiment versetzt, mit dem er den Feldzug in
Süddeutschland 1866 mitmachte und am 29. Juli bei
Seibottenreuth focht. Karl wurde am 19. September
1867 Oberstleutnant, am 10. Oktober 1868 in den
Verband der Preussischen Armee aufgenommen und
am 16. Februar 1869 als Kommandeur des 1. Bataillons
in das Magdeburgische Infanterie-Regiment Nr. 27
nach Magdeburg versetzt, dessen Kommandeur er
am 14. Juli 1870 wurde. Dieses Regiment führte
er dann während des Feldzuges 1870/71 gegen
Frankreich, beteiligte sich mit ihm an den Unter-
nehmungen gegen die Festung Toul, leitete es in
den Schlachten bei Beaumont am 30. August und
bei Sedan am 1. September und führte es während
der Belagerung von Paris in den Gefechten von Erte
und Epinai am 30. November 1870 zum Siege.

Nachdem er bereits am 26. Juli 1870 Oberst geworden war, wurde er am 18. Juli 1874 mit der
Vertretung des beurlaubten Kommandeurs der 9. Infanterie-Brigade beauftragt und am 15. September

---

[1]) Vergleiche Geschichte des Grossherzoglich Mecklenburgischen Grenadier-Regiments Nr. 89.

1874, unter Stellung à la suite des Regiments, zum
Kommandeur dieser Brigade ernannt. Der 19. September 1874 brachte seine Beförderung zum Generalmajor. Am 11. März 1876 wurde er in Genehmigung
seines Abschiedsgesuches mit Pension zur Disposition
gestellt und zog nun von Frankfurt a. O. nach
Schwerin, wo er seitdem seinen dauernden Wohnsitz
hat. Im April 1883 wurde ihm nebst anderen hohen
Offizieren die Ehre zu teil, als Ehrenwache bei der
Hochfürstlichen Leiche des Grossherzogs Friedrich
Franz II. kommandiert zu werden.
Bei der 25jährigen Wiederkehr der Schlachttage
des grossen Krieges von 1870/71 erhielt Karl am
30. August 1895 von Sr. Majestät Kaiser Wilhelm II.
ein Telegramm folgenden Inhalts:
„Der Sturm auf den Mont de Brune in der
Schlacht bei Beaumont lässt mich an deren
25. Jahrestage gern und dankbar des tapferen
Kommandeurs der wackeren 27er gedenken, die
Sie zum Sturm auf die feindlichen Geschütze
führten. Es freut mich, Ihnen heute hierdurch
den Kronen-Orden 2. Klasse mit dem Stern zu
verleihen."
Karl ist Ritter des eisernen Kreuzes 1. Klasse,
des roten Adler-Ordens 2. Klasse mit Eichenlaub,
des Kronen-Ordens 2. Klasse mit Stern, Inhaber des
Dienstauszeichnungskreuzes, der Kriegsdenkmünze
1870/71, der Kriegsdenkmünze 1866, der Badischen
Gedächtnismedaille und der Erinnerungsmedaille, des
Grosskomturkreuzes des Grossherzoglich Mecklenburgischen Hausordens der Wendischen Krone und
des Herzoglich Sächsischen Ernestinischen Hausordens.
Er war seit dem 23. April 1858 mit Klara
Wilhelmine Theodore Sophie Georgine Karoline
von Vieregge, der am 19. Mai 1840 zu Steinhausen
geborenen Tochter des Kammerherrn Otto Matthias
Wilhelm von Vieregge, Erbherrn auf Steinhausen
und Poelitz, und der Elise Friederike Johanna von
Oldershausen vermählt. Doch bereits am 1. März 1879
starb seine Gemahlin mit Hinterlassung von 5 Kindern.
1. Elisabeth Dorothea Sophie Alexandrine,
am 4. Juli 1859 zu Schwerin geboren und
im Kloster Dobbertin unter Nr. 1437 ein-

geschrieben, verheiratete sich am 24. Januar
1896 zu Neubrandenburg mit dem Eisenbahn-
Bürean-Assistenten Otto Preuss. Sie wohnte
darauf in Güstrow und hat 1899 durch Versetzung ihres Mannes ihren Aufenthalt in
Wismar genommen.

2. Bernhard August Leopold Alexander, geb.
23. März 1861 zu Schwerin (21).

3. Gertrud Sophie Ottilie Franziska geboren
zu Schwerin am 17. Oktober 1867, wurde im
Kloster Malchow unter Nr. 921 eingeschrieben.

4. Karl (Charly) Friedrich Alexander Wilhelm,
geb. 20. Juni 1869 zu Schwerin (22).

5. Hedwig Marie Agnes Erika Ulrike ist am
13. August 1872 zu Magdeburg geboren und
im Kloster Ribnitz eingeschrieben.

21. **Bernhard** August Leopold Alexander,
geboren am 23. März 1861 zu Schwerin, widmete sich
dem Soldatenstande. Er trat als Avantageur beim
Grossherzoglich Mecklenburgischen Grenadier-Regiment Nr. 89 in Schwerin ein und wurde am
15. April 1884 zum Portepée-Fähnrich befördert. Am
14. Februar 1885 erfolgte seine Ernennung zum
Sekondleutnant, worauf er nach Neu-Strelitz zum
2. Bataillon dieses Regiments kam. Der 22. März
1887 brachte seine Versetzung zum Infanterie-Regiment Nr. 138 nach Strassburg i. E., bei welchem
Regiment er am 14. September 1893 zum Premierleutnant aufrückte. Am 22. März 1897 wurde er in
das neugebildete Infanterie-Regiment Nr. 172 versetzt,
welches ebenfalls in Strassburg in Garnison steht.
Doch hat er 1899 als Oberleutnant seinen Abschied
genommen.

Er war seit dem 18. April 1893 mit Alice Eiserhardt, der 1874 geborenen Tochter des verstorbenen
Dr. med. Eiserhardt und dessen ebenfalls verstorbenen
Gemahlin, geborenen Hayn, vermählt, wurde aber
1898 wieder geschieden. Dieser Ehe ist eine Tochter
entsprossen namens:

Jutta, die am 23. Januar 1894 zu Strassburg i. E. geboren wurde.

22. Karl (Charly) Friedrich Alexander Wilhelm

wurde am 20. Juni 1869 zu Schwerin geboren. Er trat in das Kadettenkorps zu Ploen ein, besuchte jedoch später das Realgymnasium zu Bützow. Nach bestandenem Fähnrichsexamen, zu welchem er sich in Berlin vorbereitet hatte, wurde er Avantageur beim Grossherzoglich Mecklenburgischen Füsilier-Regiment Nr. 90, besuchte darauf die Kriegsschule zu Hannover und wurde nach abgelegter Offiziersprüfung am 16. Januar 1890 zum Sekondleutnant ernannt. Er stand anfangs in Rostock, wurde dann dem 2. Bataillon in Wismar überwiesen und kam darauf nach Rostock zurück, wo er Adjutant des 4., später des 3. Bataillons wurde. Am 22. März 1898 ist er zum Oberleutnant befördert und steht jetzt seit einiger Zeit wieder in Wismar.

12. Bernhard Friedrich Otto,
1824—1895,

am 8. Januar 1824 zu Wismar geboren, ward Ostern 1840 Page am Hofe zu Schwerin und trat dann in das daselbst neuerrichtete Kadettenkorps. Als Unteroffizier beim ehemaligen Grenadier-Garde-Bataillon am 24. Juli 1842 eingestellt, erhielt er am 2. Dezember 1842 sein Sekondleutnantspatent. Nachdem er den Feldzug in Baden mitgemacht hatte, avancierte er im Jahre 1850 zum Premierleutnant und wurde 1857 Hauptmann und Kompagniechef im ehemaligen 3. Bataillon, darauf 1866 Major. Als solcher wurde er zur Disposition gestellt, doch am 1. Mai 1868 zum Bezirkskommandeur des 1. Bataillons 2. Mecklenburgischen Landwehr-Regiments Nr. 90 in Wismar ernannt. In dieser Stellung wurden ihm auch die Kommandanturgeschäfte daselbst am 30. März 1869 übertragen. Zum Oberstleutnant befördert, erfolgte seine Ernennung zum Obersten und Kommandanten der Stadt Rostock am 16. Juni 1883. Anlässig der Feier seines 50jährigen Dienstjubiläums am 22. September 1892 wurde er Generalmajor, als welcher er am 9. Dezember 1895 zu Rostock gestorben ist. Er war der letzte Kommandant der Stadt Rostock.

Bernhard war Ritter des Grosskomturkreuzes
der Wendischen Krone, des Königlich Preussischen
Kronen-Ordens 3. Klasse, des Königlich Preussischen
Roten Adler-Ordens 4. Klasse und Inhaber des Dienstauszeichnungskreuzes, der Badischen Gedächtnismedaille und der Kriegsdenkmünze für 1870/71.
Seit dem 3. Juni 1853 war Bernhard mit Ida
von Bülow, der am 29. Juni 1832 zu Schwerin geborenen Tochter des Majors a. D. Stephan von Bülow
vom Hause Plüskow-Scharfstorff und der Agnes, geborenen von Vogelsang, a. d. H. Gutendorf vermählt,
mit welcher er folgende Kinder hatte:

1. Agnes Marie Georgine, zu Schwerin am
   28. April 1855 geboren und im Kloster Dobbertin
   unter Nr. 1378 eingeschrieben wurde am
   17. Oktober 1876 die Gemahlin des Rechts-
   anwalts und ritterschaftlichen Syndikus Eduard
   Dahlmann zu Rostock.

2. Elisabeth Eleonore Karoline Auguste, am
   27. Januar 1857 zu Schwerin geboren und
   unter Nr. 830 im Kloster Malchow eingeschrieben, verheiratete sich zu Rostock am
   7. Juli 1884 mit dem Polizei-Inspektor, Hauptmann a. D. Friedrich von Wick zu Dreibergen
   bei Bützow.

3. Friederike Sophie Alexandrine wurde zu
   Rostock am 25. September 1858 geboren und
   im Kloster Ribnitz eingeschrieben. Sie starb
   jedoch schon am 23. April 1864 zu Schwerin.

4. Ida Ottilie Julie Aline, am 10. Dezember 1861
   zu Rostock geboren und unter Nr. 1472 im
   Kloster Dobbertin eingeschrieben, ist seit dem
   28. Juli 1893 mit dem Rittergutspächter Karl
   Ueckermann in Beckendorf, ritterschaftlichen
   Amts Boizenburg, verheiratet.

5. Bernhard August Karl, geb. 23. Januar
   1863 (23).

6. Hedwig Anna Klara, zu Schwerin am
   24. Februar 1865 geboren und im Kloster
   Malchow unter Nr. 898 eingeschrieben, wurde
   am 15. Oktober 1897 die Gemahlin des Land-

richters, jetzigen Landgerichtsrats Ernst Obbarius zu Weimar.

7. Karl Friedrich Otto, geboren zu Schwerin am 29. April 1866 (24).

8. Wilhelm Friedrich August, geboren zu Schwerin am 17. Juli 1867 (25).

23. Bernhard Karl August

wurde am 23. Januar 1863 zu Rostock geboren und besuchte das Gymnasium der Grossen Stadtschule zu Wismar. Nachdem er mit seinem Vater nach Rostock übergesiedelt war, stellte sich bei ihm nach und nach ein schweres Geistesleiden ein, welches dazu führte, dass er am 31. März 1886 der Irren- und Pflege- anstalt zu St. Katharinen in Rostock übergeben werden musste, wo er sich auch jetzt noch unheilbar krank befindet.

24. Karl Friedrich Otto,

am 29. April 1866 zu Schwerin geboren, besuchte nach einander vier höhere Schulen, deren letzte in Bützow war. Ein kräftiger, anstelliger Mensch, ging er zur See und fuhr längere Zeit auf chilenischen Schiffen. Nach 1½ Jahren kehrte er in die Heimat zurück, ging jedoch bereits am 3. Juli 1885, nachdem er aus dem deutschen Unterthanen-Verbande aus- geschieden war, nach Australien. Nachdem er die dortigen Goldfelder, ohne Erfolg zu haben, durch- streift hatte, kehrte er nach Sidney zurück und trat als Handlungsreisender bei einem grossen Handlungs- hause ein. Mit Beginn der Ausstellung siedelte er nach Melbourne über, später nach Fitzhoy in Neu- Süd-Wales, wo er ein selbständiges Geschäft betrieb. Dann wurde er Besitzer eines grossen Hotels in Melbourne und einer in der Nähe liegenden Farm, die er „Prestin" nannte. Im Jahre 1896 kam er nach Rostock zum Besuche seiner Mutter und seiner Ver- wandten in Mecklenburg und kehrte nach mehr- monatlichem Aufenthalt in Europa wieder nach Australien zurück.

Karl ist mit Jenny Holms verheiratet, doch sind dieser Ehe, soweit die Nachrichten reichen, Kinder nicht entsprossen.

25. Wilhelm Friedrich August,
geboren zu Schwerin am 17. Juli 1867, besuchte die
Gymnasien zu Wismar und Rostock. Am 1. April
1889 trat er als Avantageur beim Leib-Grenadier-
Regiment König Friedrich Wilhelm III. (1. Brandenburgisches) Nr. 8 in Frankfurt a. O. ein und bestand
am 17. August 1889 beim Gymnasium zu Rostock
sein Abiturientenexamen. Er schied dann, nachdem
er seiner Dienstpflicht beim Grossherzoglich Mecklenburgischen Füsilier-Regiment Nr. 90 genügt hatte,
aus dem Militärdienste und begann das Studium der
Rechtswissenschaft auf der Universität zu Rostock,
wo er am 13. Juni 1890 immatrikuliert wurde.
Darauf studierte er in Leipzig und Berlin und siedelte
wieder nach Rostock über, wo er zur Zeit Kandidat
der Rechte ist.

---

13. Alexander Friedrich Ludwig,
1826—1884,
wurde am 1. November 1826 zu Wismar geboren,
ward Ostern 1840 Page am Hofe zu Schwerin und
trat dann zu dem damals neuerrichteten Kadettenkorps über. Nach seiner Entlassung aus demselben
stand er zunächst als Portepée-Fähnrich in Rostock.
Am 29. (31.) Dezember 1846 zum Sekondleutnant ernannt, wurde er am 1. Oktober 1852 Premierleutnant,
als welcher er beim 1. Musketier-Bataillon in Wismar
stand. Der 5. Oktober 1860 brachte für ihn die Beförderung zum Hauptmann und Kompagniechef unter
Versetzung zum 3. Bataillon. Als Major nahm er
1868 seinen Abschied und lebte von nun ab in Rostock,
wo er nach schwerem Leiden am 30. Mai 1884 starb
und auf dem dortigen Friedhofe begraben wurde.

Am 20. Juni 1856 hatte sich Alexander zu Barnekow
mit Aline von Ladiges, der am 21. Februar 1834 zu
Köchelsdorf bei Wismar geborenen Tochter Gustavs
von Ladiges auf Barnekow und der Franziska
von Holstein verheiratet. Kinder sind dieser Ehe
nicht entsprossen. Seine Gemahlin lebt auch jetzt
in Rostock.

14. **Otto** Friedrich Detloff,

1830—1894,

wurde am 2. Dezember 1830 zu Wismar als jüngster Sohn des Obersten Bernhard und dessen Gemahlin Elisabeth von Lützow geboren. Er besuchte bis Ostern 1845 die Schule zu Wismar, siedelte dann nach Zerbst über und war zuletzt auf dem Gymnasium zu Parchim. Er widmete sich der Landwirtschaft und pachtete das von der Lühe'sche Gut Rohlstorf bei Wismar, wo er bis zum Jahre 1872 wohnte. Von dort aus zog er nach Friedrichswalde bei Blankenberg, einer von Lowtzow'schen Besitzung, und siedelte 1879 nach Rostock über, wo er zunächst beim Amtsgericht angestellt wurde und darauf die Stelle eines Kontroleurs beim Ritterschaftlichen Kreditverein erhielt, die er auch bis zu seinem Lebensende am 6. Juni 1894 inne hatte. Er schläft den letzten Schlaf auf dem Friedhofe zu Rostock, wo auch drei seiner Brüder, Franz, Bernhard und Alexander, bis zur Auferstehung ruhen.

Otto vermählte sich am 12. November 1858 zu Doberan mit Anna von Lowtzow, Tochter des Rittergutsbesitzers Karl Friedrich Ludwig von Lowtzow auf Klaber und der Sophie Konstantine Blandine von Müller a. d. H. Striggow. Sie ist am 3. Januar 1836 zu Klaber geboren und lebt in Rostock. Der Ehe sind fünf Kinder entsprossen, alle zu Rohlstorf geboren:

1. Auguste Karoline Sophie, am 27. März 1860 geboren, ist im Kloster Dobbertin unter Nr. 1449 eingeschrieben.
2. Karl August Bernhard Alexander, geb. 28. August 1861 (26).
3. Anna, am 4. Januar 1863 geboren, starb am 2. September 1869 zu Rohlstorf. Sie war im Kloster Malchow eingeschrieben.
4. Hedwig Ida Therese Adolphine wurde am 4. April 1864 geboren und im Kloster Ribnitz eingeschrieben. Sie ist Gesellschaftsdame bei dem Oberpräsidenten Baron von Willamowitz-Möllendorf in Posen.
5. Wilhelm Karl Friedrich Alexander, geb. 25. Januar 1871 (27).

26. Karl August Bernhard Alexander,

am 28. August 1861 zu Rohlstorf geboren, besuchte die Realschule zu Wismar und widmete sich darauf der Landwirtschaft, die er in Benitz bei Schwaan erlernte. Auf verschiedenen Stellen als Gutsverwalter thätig, war er zuletzt seit Neujahr 1892 bei seinem mütterlichen Oheim Karl von Lowtzow in Klaber bei Lalendorf, welche Stellung er bis zum 1. April 1898 inne hatte. Am 29. Juli 1898 verheiratete er sich zu Schwerin mit Olga von der Lühe, der am 8. März 1859 geborenen Tochter des weiland Drosten L. J. Gustav von der Lühe zu Schwerin und der Auguste von Bülow a. d. H. Rogeez. Karl August nahm nun Wohnung in Doberan, bis er Johannis 1899 nach Vier bei Boizenburg zog, welches er von der Grossherzoglichen Kammer gepachtet hat.

27. Wilhelm Karl Friedrich Alexander

wurde am 25. Januar 1871 zu Rohlstorf geboren. Er besuchte das Gymnasium zu Rostock, welches er Michaelis 1890 mit dem Zeugnis der Reife für Prima verliess, und bestand im Januar 1891 das Fähnrichsexamen in Berlin. Am 12. Januar 1891 trat er als Avantageur beim Infanterie-Regiment Graf Bose (1. Thüringisches) Nr. 31 in Altona ein. Am 25. August 1891 zum Portepée-Fähnrich befördert, wurde er nach bestandener Offiziersprüfung bei der Kriegsschule zu Neisse am 17. Mai 1892 zum Sekondleutnant ernannt. Seit dem 1. April 1897 ist er als Kompagnieoffizier zur Unteroffiziervorschule in Greifenberg in Pommern kommandiert.

---

9. Karl Christian,
1782—1843,

erblickte am 16. Februar 1782 zu Tangrim (Kirchspiel Behren-Lübchin), wo sein Vater als Pächter wohnte, das Licht der Welt. Im Jahre 1797 trat er als Junker bei dem Königlich Preussischen Grenadier-Garde-Bataillon (Regiment Garde) zu Potsdam ein, ward 1798 Fähnrich und nach 1799 zum Leutnant befördert. Er nahm an dem Feldzug von 1806 gegen

Napoleon teil und focht am 14. Oktober 1806 in der Schlacht bei Jena-Auerstädt mit, wo er das 2. Peloton der Grenadiergarde führte. Nach der unglücklichen Schlacht zog er sich mit einigen Versprengten auf Ballenstädt zurück, bestand am 16. Oktober wiederholt Gefechte mit den nachdringenden Franzosen und marschierte mit kurzen Ruhepausen Nacht und Tag, selbst an den notdürftigsten Lebensmitteln Mangel leidend, bis nach Nordhausen. Doch kaum dort angekommen und einquartiert, brachen die Gesammelten wieder auf, weil der Feind anrückte, und marschierten auf ungebahnten Wegen nach Magdeburg und alsdann nach Prenzlau, wo sie mit dem ganzen Korps gefangen genommen wurden. Karl ging nun nach Schwerin, als dem ihm durch die Kapitulation angewiesenen Aufenthaltsorte, und erbat sehr bald seinen Abschied, da seine Vermögensverhältnisse ihm ein längeres Leben ohne Gehalt nicht gestatteten. Diesen Abschied erhielt er am 27. Juni 1808. Schon am 10. Juni 1808 war er bei der Grossherzoglich Mecklenburg-Schwerinschen Infanterie als Premierleutnant angestellt worden. Im Jahre 1809 nahm auch er teil an dem Gefechte bei Damgarten gegen das Schillsche Korps. — Wegen anderweitiger Anstellung wurde er am 27. Februar 1812 verabschiedet und erhielt die Stellung des 2. Elbzoll-Beamten in Dömitz. Am 12. April 1812 verheiratete sich Karl zu Niederhof, Kirchspiel Brandshagen bei Stralsund, mit Charlotte Wilhelmine Juliane von Stjerncroos, der am 12. Juli 1774 zu Stralsund geborenen Tochter des Oberstleutnants und Ritters des Königlich Schwedischen Schwert-Ordens Karl Friedrich von Stjerncroos (geb. 28. XII. 1725, † 1778), eines Enkels des Lagmanns Johann Berelius, welcher am 14. September 1692 geadelt und unter Nr. 1250 ins Schwedische Ritterhaus eingeführt wurde, und der Charlotte Marie Juliane von Blessingh. Im April 1822 wurde er in seiner Eigenschaft als Elbzoll-Beamter nach Boizenburg versetzt, wo er am 14. Mai 1843 vor seiner Gemahlin, die ihm am 5. Oktober 1851 in die Ewigkeit folgte, sein Leben beschloss. Beide schlafen den letzten Schlaf auf dem Gottesacker zu Boizenburg.

Karl hatte drei Kinder:
1. Karl Dietrich, geb. 17. August 1813 (15).
2. Bernhard Friedrich, geb. 2. Juli 1814 (16).
3. Susanne Henriette Charlotte, am 21. August 1815 zu Dömitz geboren, wurde im Kloster Dobbertin unter Nr. 918 eingeschrieben. Sie starb am 27. Oktober 1817 zu Dömitz.

15. **Karl** Dietrich,

zu Dömitz am 17. August 1813 geboren, besuchte das St. Katharinen-Gymnasium zu Lübeck von 1828—1832 und siedelte dann wegen der in Lübeck arg hausenden asiatischen Cholera nach Wismar über, von wo aus er Ostern 1834 die Universität Bonn bezog, um Jura und Cameralia zu studieren. Ostern 1835 ging er nach Heidelberg und nach einer Reise durch die Schweiz, Ober-Jtalien und Deutschland Michaelis 1835 nach Berlin und 1836 nach Rostock. Das Auditoren-examen absolvierte er Ostern 1838 und ward am 1. August 1838 als Amtsauditor zu Boizenburg angestellt. Vom Herbst 1838 bis Neujahr 1840 war er beim Grossherzoglichen Kriminal-Kollegium in Bützow thätig und vom Juli 1840 bis Januar 1841 beim Amte Dömitz beschäftigt. Nachdem er am 10. September 1842 das Richterexamen vor dem Ober-Apellations-Gerichte zu Rostock bestanden hatte, wurde er an das Amt Grabow versetzt. Im November 1842 legte er die cameralistische Prüfung bei der Grossherzoglichen Kammer ab und erhielt das vot. in occon. am 5. August 1844. Zum Amtsverwalter am 24. April 1847 ernannt, wurde er von der Kirchen-kommission zu Schwerin einberufen zur Konferenz wegen Herbeiführung einer Landes-Synode zum 5. September 1849 und zu Weihnachten 1849 an das Amt Dargun versetzt. Hierauf wurde er von der Ritterschaft des Mecklenburgischen und Wendischen Kreises auf dem Landtage zu Malchin im März 1851 zum Kompräsentanten für die erledigte Justizratsstelle gewählt. Einen Antrag im Mai 1851, als Kammerrat in die fürstliche Rentenkammer zu Bückeburg einzutreten, schlug er aus. Seine Beförderung zum Amtmann erhielt er am 27. Juni 1853.

Auf unmittelbare Verfügung des Grossherzogs gegen die Ansicht aller seiner Räte wurde im April 1854 eine Kommission ernannt zur Prüfung der Frage, ob und wie das Armenwesen im Domanium durch Bildung kleinerer Distrikte verbessert werden könne? Die Grossherzogliche Kammer hatte diese Frage verneint, das erste Mitglied der Kommission, Amtshauptmann Dankwart zu Wittenburg, schloss sich dieser Ansicht an. Der Amtmann von Pressentin sprach sich in einem Promemoria für Ortschaftsarmenpflege aus, dem das dritte Mitglied, der Amtsverwalter Baron Rudolph von Nettelbladt zu Grabow, beitrat. Der Grossherzog billigte diese Ansicht, da aber die Grossherzogliche Kammer auf ihrem entgegengesetzten Standpunkte verharrte, so wurde zunächst nur in zwei Aemtern, Dargun und Stavenhagen, versuchsweise vorgegangen. Die dazu von von Pressentin ausgearbeitete Armenordnung wurde nach Bearbeitung durch eine Kommission am 2. Juni 1856 landesherrlich bestätigt. Später wurde noch in anderen Aemtern versuchsweise vorgegangen und endlich die Gemeinde-Armen- und Schul-Verordnungen vom 29. Juni 1869 erlassen. Bei Bearbeitung aller dieser Verordnungen, sowie bei den Vorarbeiten für die allgemeine Vererbpachtung der Bauerstellen nach Allerhöchster Verordnung vom 16. November 1867 wurde von Pressentin mit herangezogen.

Die Aufforderung des Ministerpräsidenten, in das Ministerium des Innern als Rat zu Ostern 1860 einzutreten, lehnte er ab und genehmigte der Grossherzog in einer zur Vortragung der Gründe befohlenen Audienz zu Ludwigslust am 8. November 1859 diese Ablehnung. Im Jahre 1861 bestimmte der Grossherzog, dass von Pressentin als Rat in die Kammer eintreten sollte, doch genehmigte er auch diesmal, dass dies von Pressentins Wünschen entsprechend unterblieb.

Zu Ostern 1862 erhielt er seine Ernennung zum Amtshauptmann und ersten Beamten, und am 28. Februar 1869 die Verleihung des Charakters Drost. Auf den ausgesprochenen Wunsch des Grossherzogs trat von Pressentin als Mitglied auf zwei Jahre, vom 1. Juli 1872—1874, zu Schwerin in das Kammer- und

11

Forstkollegium und ging dann unter Verleihung des Titels Landdrost wieder nach Dargun zurück. Am 20. Juli 1888 wurde sein 50jähriges Dienstjubiläum gefeiert, der Grossherzog ernannte ihn zum Oberlanddrosten und verlieh ihm eine alljährlich an diesem Tage zu zahlende Zulage von 600 Mark. Durch ein sehr gnädiges Reskript erhielt er am 1. Oktober 1888 den Abschied aus dem Grossherzoglichen Dienste, welchen er erbeten hatte, mit Pension, und bezog die von ihm angekaufte Büdnerei Nr. 31 zu Dargun, wo er auch jetzt wohnt.

Seit dem 7. Mai 1847 ist er mit Agnes Juliane Charlotte Wilhelmine Suwe, der am 14. September 1819 zu Gnoien geborenen Tochter des Pastors Johannes Jakob Suwe und dessen Gemahlin Marie Dorothea Christiane Dencker vermählt. Am 7. Mai 1897 feierte das Paar das seltene Fest der goldenen Hochzeit in körperlicher Rüstigkeit und geistiger Frische.

Karl ist Senior des von Pressentinschen Geschlechtes.

16. **Bernhard** Friedrich,
1814—1893,

wurde zu Dömitz am 2. Juli 1814 geboren und besuchte das St. Katharinen-Gymnasium zu Lübeck von 1828—1832. Er bereitete sich darauf zum Studium der Forst- und Jagdwissenschaft, namentlich in der Privat-Lehranstalt des Oberförsters Garthe zu Remplin, vor und besuchte von Ostern 1834 bis Michaelis 1836 die Forstakademie zu Neustadt-Eberswalde. Nachdem er einer praktischen Ausbildung in seinem Fache noch ferner obgelegen hatte, ging er Johannis 1839 nach Russland zur Regulierung der Forsten des Fürsten Trubetzkoi und verweilte namentlich in Spask bei Podolsk (Gouvernement Moskau), in Nowaja Sloboda bei Abrámowá (Gouvernement Nischni-Nowgorod), in Moskau, Jasikowa am Alatür bei Patschinka (Gouvernement Simbirsk) und bei Sukojanow im Gouvernement Nischni-Nowgorod, worauf er zu Weihnachten 1841 in seine Heimat zurückkehrte. Nun wurde er auch nach vielfachen früheren vergeblichen Bemühungen als Grossherzoglicher Jagdjunker am 22. August 1842 angestellt und beschäftigte

sich noch mehrere Jahre mit Vermessung der Grossherzoglichen Waldungen. Da die Aussichten auf
eine Brodstelle in Grossherzoglichen Diensten jedoch
schwach waren, so ging er nach Pommern, wo er im
Herbst 1846 das Gut Bothenhagen bei Schievelbein
erstand, welches er jedoch ein Jahr später gegen das
Rittergut Höltkewiese bei Baldenburg vertauschte.
Durch verschiedene Unglücksfälle und die der Landwirtschaft allgemein ungünstigen Jahre nach 1862
kam er trotz seiner Sparsamkeit zurück und entäusserte
sich daher des Gutes. Seinen Abschied als Forst-
und Jagdjunker aus dem Grossherzoglich Mecklenburgischen Dienste hatte er bereits 1854 genommen.
Gegen Neujahr 1869 nahm er in Casimirshof bei
Baldenburg Wohnung und verzog von dort im Frühling 1871 nach Berlin-Schöneberg, wo er bis Ende
Februar 1873 wohnte. Hierauf siedelte er mit seiner
Familie von Hamburg aus mit dem Schiff Westphalia
nach Nord-Amerika über. Er ging nach Wheeling
am Ohio, der Hauptstadt von West-Virginien, und
liess sich dort nieder. Doch zog er bereits im Früh-
ling 1874 von dort nach Sardis (Monroe Co. Staat
Ohio) und lebte dort von den Zinsen eines kleinen
Kapitals und von einem kleinen Handel, bis er am
3. Januar 1893 starb und auch dort begraben wurde.
Seit 1847 mit Emilie Braun, der am 12. März 1825
zu Greifenberg in Pommern geborenen Tochter des
Johann Friedrich Braun und dessen Gemahlin Dorothea
Julie Zittow vermählt, hatte er mit derselben zwölf
Kinder, die alle zu Höltkewiese geboren wurden:

1. Kurt Gottlieb Wilhelm, geb. 19. Februar
   1848 (28).
2. Karl Julius Otto, geb. 5. Juli 1849 (29).
3. Olga Henriette Luise, am 2. März 1851 geboren, starb am 18. September 1872 zu Alt-
   Schönberg.
4. Sophie Auguste Agnes, geboren am 21. Februar 1853, welche im Hause ihres Vater-
   bruders Karl in Dargun lebte und nicht mit
   den Eltern nach Amerika gegangen war, verheiratete sich am 22. Februar 1888 zu Dargun
   mit dem damaligen Restaurateur Friedrich

Müseler zu Potsdam und lebt seit 1898 mit ihrem Gemahl in Dargun.

5. (Martha), geboren am 19. Februar 1855, starb ungetauft am 9. März 1855.
6. Bernhard Emil Max, geb. 11. Februar 1856 (30).
7. Adalbert Paul Friedrich, geb. 13. Juni 1858 (31).
8. Alma Adele Emilie, am 10. August 1860 geboren, starb bereits am 30. Januar 1864.
9. Otto Wilhelm Rudolph, geb. 26. September 1862 (32).
10. Hans Dietrich Georg, geb. 1. Januar 1865 (33).
11. Margarete Ida Marie, ist ebenfalls am 1. Januar 1865 geboren.
12. Paul, geb. 30. September 1867 (34).

28. **Kurt** Gottlieb Wilhelm,

am 19. Februar 1848 zu Höltkewiese geboren, besuchte das Gymnasium zu Neu-Stettin bis Michaelis 1865. Im Herbst 1869 trat er, um seiner Dienstpflicht zu genügen, bei der Leibkompagnie des 1. Garde-Regiments zu Fuss in Potsdam ein. Bei diesem Regiment machte er den Feldzug 1870/71 mit und wurde für bewiesene Tapferkeit mit dem eisernen Kreuze 2. Klasse ausgezeichnet. Zum Unteroffizier befördert, wurde er im Herbst 1872 aus dem Militärdienste entlassen und begab sich nach Alt-Schöneberg, dem Wohnsitze seiner Eltern, mit denen er im Februar 1873 nach Nord-Amerika (Wheeling) auswanderte.

Im April 1874 suchte er seinen Bruder Karl in Manistee im Staate Michigan auf und war dann als Aufseher und Berechner beim Fällen und Verfahren von Bäumen in den Wäldern dieses Staates thätig.

Am 5. Januar 1888 verheiratete er sich zu Cadillac, Michigan Co., mit Sadie Christine Belden, der am 3. Juli 1864 geborenen Tochter des Farmers Sylvanus Belden zu Carsonville Sanillac, Michigan Co., und der Mary Hausinger. Im Sommer 1894 erstand er eine Farm, auf der er jetzt lebt. Ihm sind geboren:

1. Totgeborene Tochter, geboren am 26. November 1888 zu Shermann.
2. Karl Sylvanus wurde am 6. Dezember 1895 zu Columbia Falls geboren (35).

29. **Karl** Julius Otto

wurde am 5. Juli 1849 zu Höltkewiese geboren. Er besuchte bis Michaelis 1865 das Gymnasium zu Neustettin und darauf kurze Zeit das Gymnasium zu Rostock. Im Sommer 1868 ging er seinen Angehörigen voraus über Hamburg mit dem Schiffe Liebig nach Quebec und weiter in die Vereinigten Staaten von Nord-Amerika, zuerst nach Milwaukee und darauf nach Racine im Staate Wisconsin, wo er bis zum Herbste 1869 verblieb. Dann siedelte er in die Gegend von Manistee im Staate Michigan über, wo er sich am 15. Mai 1871 mit Wilhelmine Johanna May (geboren 15. September 1852 in der Provinz Brandenburg) verheiratete. Im Sommer 1877 suchte er mit seinem Bruder Bernhard eine andere Ansiedlung. Beide erwarben in Birdsview je eine Farm am Skagit-River oberhalb Mount Vernon im Washington-Territorium an der Westküste der Vereinigten Staaten, Karl auf dem linken, Bernhard auf dem rechten Ufer dieses Flusses. Karl wurde 1889 auf zwei Jahre zum Richter des Witwen- und Waisengerichts (Judge of Probate) für Skagit County gewählt, womit der wesentliche Aufenthalt im Gerichtssitze zu Mount Vernon verbunden war. Seit 1891 ist er Regierungskommissionär oder Richter. Ihm sind sechs Kinder geboren:

1. Bernhard Karl, geb. 29. Dezember 1871 (36).
2. Paul Otto Karl, geb. 11. Februar 1874 (37).
3. Otto Karl, geb. 4. Juni 1876 (38).
4. Franz Eugen, geb. 13. Februar 1879 (39).
5. Hans Dietrich, geb. 13. Juli 1882 (40).
6. Karl Christian, geb. 12. Mai 1885 (41).

36. **Bernhard** Karl

wurde am 29. Dezember 1871 zu Manistee im Staate Michigan geboren.

37. **Paul** Otto Karl

ist am 11. Februar 1874 zu Manistee, Michigan Co., geboren.

38. **Otto** Karl

erblickte am 4. Juni 1876 zu Manistee, Michigan Co., das Licht dieser Welt.

39. **Franz** Eugen,

wurde am 13. Februar 1879 am Skagit-River im Staate Washington geboren.

30. **Bernhard** Emil Max,

am 11. Februar 1856 zu Höltkewiese geboren, trat im Frühling 1872 in Berlin bei einem Büchsenmacher in die Lehre, ging aber im Februar 1873 mit seinen Eltern nach Amerika, und begab sich zu seinem Bruder Karl nach Manistee im Staat Michigan. Er kaufte dann 1877 die obengenannte Farm in Birdsview am Skagit-River, die er jedoch seinem Bruder Adalbert für 1050 Dollars überliess. Im Februar 1887 reiste er zum Besuche seiner Eltern nach Sardis. Hier lernte er seine spätere Gemahlin Anna Drollinger (geboren am 30. Januar 1869 zu Wheeling) kennen, mit der er sich am 24. Mai 1887 verheiratete. Nach Birdsview zurückgekehrt, erstand er dort 1888 wieder eine Farm, die er 1889 noch vergrösserte. Am 28. August 1896 entäusserte er sich jedoch dieses Besitzes wieder und zog nach Spokane im Staate Washington.

Ihm wurde zu Birdsview geboren:

1. Guy Roger, geboren 7. September 1888.

31. **Adalbert** Paul Friedrich

wurde zu Höltkewiese am 13. Juni 1858 geboren. Auch er siedelte mit seinen Eltern nach Amerika über und wurde im Sommer 1873 in Wheeling konfirmiert. Adalbert verheiratete sich in Muskegon, Michigan Co., am 13. Juni 1884 mit Auguste Köhler (geboren 15. Juli 1864), einer Tochter des Christian Wilhelm Köhler aus Marschalkenzimmern in Württemberg und dessen Ehefrau Barbara Anna geborenen

Arnold. Im Herbst 1886 kaufte er von seinem Bruder
Bernhard, wie wir oben gesehen haben, dessen Farm,
die er jedoch 1888 für 3200 Dollar wieder verkaufte.
Dann erstand er eine 5 Meilen weiter westlich gelegene
Besitzung, die er ebenfalls wieder am 8. August 1888
für 8500 Dollar veräusserte. Er erwarb hierauf 1891
für 8600 Dollar wiederum eine Besitzung bei Hamilton
und richtete später ein rentabeles Kaufmannsgeschäft
in Sank City ein, wo er zum Notar bestellt wurde
und auch jetzt sich aufhält.

Aus seiner Ehe mit Auguste Köhler stammen
5 Kinder:

1. Agnes Margarete Emilie wurde am 21. April
   1885 zu Muskegon geboren.
2. Wilhelm Max Emil, geboren am 8. August
   1887 zu Birdsview (43).
3. Eduard Wilhelm, geboren 12. Mai 1889 zu
   Hamilton im Staate Washington (44).
4. Walter, geboren 26. Juni 1892 zu Sank City (45).
5. Olga Marie ist in Sank Ott am 6. Oktober
   1894 geboren.

32. Otto Wilhelm Rudolph,

am 26. September 1862 zu Höltkewiese geboren,
ging mit seinen Eltern im Februar 1873 ebenfalls
nach Wheeling in den Vereinigten Staaten und siedelte
von dort nach Sardis über. Im Mai 1887 ging er
mit seinem älteren Bruder Bernhard nach Birdsview,
wo auch er eine Farm erwarb, die er 1889 noch vergrösserte. Am 5. Februar 1891 vermählte er sich mit
Laura Anna Kerns, der am 5. September 1867 zu
Sardis geborenen Tochter des Isaak Kerns und dessen
Gemahlin Maria, geborenen Ober, mit der er folgende
Kinder hat:

1. Klara May ist am 3. Januar 1892 zu Birdsview
   geboren.
2. Georg Herbert, geboren 29. Juni 1893 (46).
3. Karl Friedrich, geboren 20. April 1895 (47).
4. Harry Arthur, geboren 7. Februar 1897 (48).
5. Nellie Geraldine, geboren 14. Dezember 1898.

33. **Hans** Dietrich Georg

erblickte am 1. Januar 1865 zu Höltkewiese das Licht
der Welt, doch starb er bereits am 1. Juni 1869 zu
Casimirshof in Pommern.

34. **Paul,**

der jüngste Sohn Bernhards und seiner Gemahlin
Emilie, geborene Braun, wurde am 30. September
1867 zu Höltkewiese geboren, doch schon am 27. September 1872 schied er infolge von Rachenbräune zu
Alt-Schöneberg bei Berlin wieder aus diesem Leben.

G. Haus Kaarz.

Des alten Bernd von Pressentin († 1709) und
dessen Gemahlin Anna Dorothea, geborenen von Pressentin jüngster Sohn Balthasar Christoph wurde der
Gründer des Hauses Kaarz, das jedoch schon mit
seinen Kindern wieder erlosch.

1. **Balthasar** Christoph.

1688—1748, (v. G. 42),

am 12. Februar 1688 geboren, widmete sich dem
Soldatenstande und nahm Ostern 1707 Königlich
Schwedische Dienste beim Regiment des Generalleutnant von Palmfeld, wo er der Kompagnie des
Kapitäns von Palmfeld als Gemeiner (Fourier) überwiesen wurde.[1] Im Jahre 1708 ward er Kornet und
zog nun unter den Fahnen Karls XII. von Schweden
gegen Russland. Doch wurde er in der für die
Schweden so verhängnisvollen Schlacht bei Pultawa
am 8. Juli 1709 gefangen genommen und nach Kasan
gebracht. Hier erfuhr er als Gefangener die härteste
Behandlung, musste die grössten Misshandlungen
erdulden und wurde sogar mehrere Male zum Tode
geführt, jedoch von dem Fürsten Menzikoff gerettet.

---

[1] Dieses Regiment erhielt in demselben Jahre noch der
Oberst Stuart.

G. Haus Kaarz.

(Ausgestorben.)

XII.

42. (1.) **Balthasar Christoph.**
* 12. II. 1688 zu Prestin.
† Februar 1748 zu Prestin.
G.: Anna Sybilla von Peykern
(† nach 1728).
Auf Kaarz (Anteil)
und Rittersitz zu Sternberg.

XIII.

42a. (1a.) **Dorothea Maria.**	42b. (1b.) **Katharina Juliana.**	51. (2.) **Bernhard Christoph.**	42c. (1c.) **Elisabeth.**	52. (3.) **Johann Joseph.**	42d. (1d.) **Anna Hedwig.**	42o. (1c.) **Barbara Maria.**
* 1715. † jung.	* 1716 zu Astrachan. † 14. VIII. 1764 zu Prestin.	* 1718. † jung.	* 1720. † im Frühling 1787 zu Malchow.	* 1723 auf einem Schiff. † 1764. Braunschweigischer Major.	* 1726. † vor 1778.	* 1728. † vor 1778.

Balthasar wird schon bald, wenige Jahre nach
seiner Gefangennahme, in russische Militärdienste
getreten sein. Dann ist er wohl als Deutscher in
die Ostseeprovinzen nach Kurland versetzt und hat
sich hier als Russischer Leutnant um 1713 mit Anna
Sybilla von Peykern verheiratet. Nicht lange darauf
wird er wieder versetzt sein und soll in Astrachan
in Garnison gestanden haben. Zu Anfang des Jahres
1726 wird er seinen Abschied genommen haben und
über Kurland nach Mecklenburg zurückgekehrt sein.

Im Sommer 1726 traf er mit seiner Familie bei
seinen Verwandten, Brüdern und Brudersöhnen ein,
die ihren schon lange für tot gehaltenen Bruder nicht
erkannten, bis er sich durch ein Mal am Arm als
solcher auswies. Da nun die Erbteilung bereits vor
sich gegangen war, so musste dieselbe am 5. Juli
1726 von neuem vorgenommen werden. Balthasar
erhielt nach väterlicher Verfügung den Sternberger
Rittersitz und das Dorf Kaarz (Anteil) und lebte nun
mit seiner Familie in Sternberg. Doch da seine Vermögensverhältnisse sich nach und nach verschlechter-
ten, war er gezwungen, am 16. April 1728 an den
Preussischen Landrat Karl Friedrich von Rieben mit
Vorbehalt der Reluition nach 30 Jahren seinen steuer-
freien Rittersitz zu verkaufen, jedoch mit Ausnahme
des Erbbegräbnisses daselbst. Zwar forderte schon
nach 13 Jahren, 1741, die Landrätin von Rieben auf,
das Haus zu reluieren, doch war dasselbe grade
damals abgebrannt (23. April 1741). Den Rittersitz
erwarb am 24. Juni 1745 Claus Otto von Pressentin
(St.-St. R.-S. 1). Wann Balthasar seinen Anteil an
dem Dorfe Kaarz veräussert hat, ist unbekannt geblieben.[1])

---

[1]) Ueber das Gut Kaarz (Karz) findet sich folgendes: Dieses
Gut wird zwar in alten Lehn·Registern als ein besonderes Lehn
mit aufgeführt, aber hat jetzo insoweit sein Ansehen verloren,
als es zersplittert ist und davon einige Hufen mit Herzoglichem
Konsens an Weitendorf, einige aber auch nach Weselin verkauft
sind, die mithin die Eigenschaft der Pertinenz von solchen
Gütern angenommen haben. Schon anno 1727 wird dieses Gut
in der Lehnsdesignation, welche dermalen von der Ritterschaft
bei der Kaiserlichen Kommission eingegeben ist, nicht mit
erwähnt, und im Jahre 1750, da alle Beamten von der Regierung
befehligt wurden, die Spezifikation der in den Aemtern belegenen

Inzwischen war auch seine Gemahlin gestorben und Balthasar zog nach Prestin zu seinem Neffen Johann Wilhelm (P. 3), wo er den Rest seiner Jahre in Dürftigkeit verbrachte und im Februar 1748 sein vielbewegtes Leben beschloss.

Balthasar hatte 7 Kinder:

1. Dorothea Maria, 1715 geboren, starb jung.
2. Katharina Juliana soll 1716 in Astrachan geboren sein. Sie starb unvermählt am 14. August 1764 zu Prestin.
3. Bernhard Christoph, geboren 1718 (2).
4. Elisabeth, 1720 geboren, lebte in Malchow, wo sie im Frühling 1787 starb.
5. Johann Joseph, geb. 1723 (3).
6. Anna Hedwig, im Jahre 1726 geboren, starb vor 1778.
7. Barbara Marie wurde 1728 geboren und ist vor 1778 gestorben.

2. Bernhard Christoph

ist im Jahre 1718 in Russland, vielleicht in Astrachan, geboren und wird jedenfalls auch dort als kleiner Knabe gestorben sein.

3. Johann Joseph,
1723—1764,

wurde 1723 auf einem Schiff, wohl auf dem Kaspischen Meere, geboren. Er war ein wilder Knabe und

---

adeligen Güter einzuschicken, melden die Sternberger Beamten weiter nichts, als dass Kaarz Pressentinschen Anteils vom Rittmeister Bernd Wigand von Pressentin zu Weitendorf besessen werde. Wert, Pertinenzien und Hufen lassen sich also bei diesem Gute nicht angeben. Noch weiter hat in hoc anno 1750 Claus Otto von Pressentin auf Stieten auf vorgängiges gerichtliches Anfordern sich erklärt, dass das ebengenannte Pressentinsche Anteil von Kaarz, welches dasjenige sei, welches juxta superiori an Weitendorf und also an seinen Vaterbruder Balthasar Christoph kraft der grossväterlichen Disposition gekommen ist, von solchem possessore an weyl. Oberstleutnant von Barner verkauft sei, und dass darauf sein, des Supplicantis Bruder, der Rittmeister Bernd Wigand von Pressentin, als er das Gut Weitendorf von diesem von Barner reluiert, auch dies Kaarz wieder an sich gebracht habe. — Der Pressentinsche Anteil bestand in einer (zwei?) Bauerstelle und wurde für 5 Hufen und einen Kossaten gesteuert.

trat 1737, anfangs als Page, in Braunschweigische
Dienste, wo er später als ausgezeichneter Offizier
diente. Im 7jährigen Kriege, 1756—1763, führte er
2 Jahre hindurch als Major ein Regiment und that
sich durch seine persönliche Tapferkeit und seinen
Mut oftmals hervor. Ein Jahr nach Beendigung des
7jährigen Krieges, 1764, starb er als Herzoglich
Braunschweigischer Major.

Mit ihm erlosch das Haus Kaarz, da er unvermählt starb, und sein Bruder Bernhard Christoph
ihm schon als Knabe in die Ewigkeit voraufgegangen war.

www.ingramcontent.com/pod-product-compliance
Lightning Source LLC
Chambersburg PA
CBHW021803190326
41518CB00007B/422